기적의 계산법

초등 2학년

3권

기적의 계산법 · 3권

초판 발행 2021년 12월 20일
초판 10쇄 2024년 7월 31일

지은이 기적학습연구소
발행인 이종원
발행처 길벗스쿨
출판사 등록일 2006년 7월 1일
주소 서울시 마포구 월드컵로 10길 56(서교동)
대표 전화 02)332-0931 | **팩스** 02)333-5409
홈페이지 school.gilbut.co.kr | **이메일** gilbut@gilbut.co.kr

기획 이선정(dinga@gilbut.co.kr) | **편집진행** 이선정, 홍현경
제작 이준호, 손일순, 이진혁 | **영업마케팅** 문세연, 박선경, 박다슬 | **웹마케팅** 박달님, 이재윤, 이지수, 나혜연
영업관리 김명자, 정경화 | **독자지원** 윤정아
디자인 정보라 | **표지 일러스트** 김다예 | **본문 일러스트** 김지하
전산편집 글사랑 | **CTP 출력·인쇄·제본** 예림인쇄

▶ 본 도서는 '절취선 형성을 위한 제본용 접지 장치(Folding apparatus for bookbinding)' 기술 적용도서입니다.
특허 제10-2301169호
▶ 잘못 만든 책은 구입한 서점에서 바꿔 드립니다.

ISBN 979-11-6406-400-7 64410
(길벗 도서번호 10811)

정가 9,000원

연산, 왜 해야 하나요?

"계산은 계산기가 하면 되지,
다 아는데 이 지겨운 걸 계속 풀어야 해?"
아이들은 자주 이렇게 말해요. 연산 훈련, 꼭 시켜야 할까요?

1. 초등수학의 80%, 연산

초등수학의 5개 영역 중에서 가장 많은 부분을 차지하는 것이 바로 수와 연산입니다. 절반 정도를 차지하고 있어요.
그런데 곰곰이 생각해 보면 도형, 측정 영역에서 길이의 덧셈과 뺄셈, 시간의 합과 차, 도형의 둘레와 넓이처럼
다른 영역의 문제를 풀 때도 마지막에는 연산 과정이 있죠.
이때 연산이 충분히 훈련되지 않으면 문제를 끝까지 해결하기 어려워집니다.
초등학교 수학의 핵심은 연산입니다. 연산을 잘하면 수학이 재미있어지고 점점 자신감이 붙어서 수학을 잘할 수 있어요.
연산 훈련으로 아이의 '수학자신감'을 키워주세요.

2. 아깝게 틀리는 이유, 계산 실수 때문에!
시험 시간이 부족한 이유, 계산이 느려서!

1, 2학년의 연산은 눈으로도 풀 수 있는 문제가 많아요. 하지만 고학년이 될수록 연산은 점점 복잡해지고,
한 문제를 풀기 위해 거쳐야 하는 연산 횟수도 훨씬 많아집니다. 중간에 한 번만 실수해도 문제를 틀리게 되죠.
아이가 작은 연산 실수로 문제를 틀리는 것만큼 안타까울 때가 또 있을까요?
어려운 글도 잘 이해했고, 식도 잘 세웠는데 아주 작은 실수로 문제를 틀리면 엄마도 속상하고, 아이는 더 속상하죠.
게다가 고학년일수록 수학이 더 어려워지기 때문에 계산하는 데 시간이 오래 걸리면 정작 문제를 풀 시간이 부족하고,
급한 마음에 실수도 종종 생깁니다.
가볍게 생각하고 그대로 방치하면 중·고등학생이 되었을 때 이 부분이 수학 공부에 치명적인 약점이 될 수 있어요.
공부할 내용은 늘고 시험 시간은 줄어드는데, 절차가 많고 복잡한 문제를 해결할 시간까지 모자랄 수 있으니까요.
연산은 쉽더라도 정확하게 푸는 반복 훈련이 꼭 필요해요. 처음 배울 때부터 차근차근 실력을 다져야 합니다.
처음에는 느릴 수 있어요. 이제 막 배운 내용이거나 어려운 연산은 손에 익히는 데까지 시간이 필요하지만,
정확하게 푸는 연습을 꾸준히 하면 문제를 푸는 속도는 자연스럽게 빨라집니다.
꾸준한 반복 학습으로 연산의 '정확성'과 '속도' 두 마리 토끼를 모두 잡으세요.

연산, 이렇게 공부하세요.

연산을 왜 해야 하는지는 알겠는데, 어떻게 시작해야 할지 고민되시나요?
연산 훈련을 위한 다섯 가지 방법을 알려 드릴게요.

1 매일 같은 시간, 같은 양을 학습하세요.

공부 습관을 만들 때는 학습 부담을 줄이고 최소한의 시간으로 작게 목표를 잡아서 지금 할 수 있는 것부터 시작하는 것이 좋습니다. 이때 제격인 것이 바로 연산 훈련입니다. '얼마나 많은 양을 공부하는가'보다 '얼마나 꾸준히 했느냐'가 연산 능력을 키우는 가장 중요한 열쇠거든요.
매일 같은 시간, 하루에 10분씩 가벼운 마음으로 연산 문제를 풀어 보세요. 등교 전이나 하교 후, 저녁 먹은 후에 해도 좋아요. 학교 쉬는 시간에 풀 수 있게 책가방 안에 한 장 쏙 넣어줄 수도 있죠. 중요한 것은 매일, 같은 시간, 같은 양으로 아이만의 공부 루틴을 만드는 것입니다. 메인 학습 전에 워밍업으로 활용하면 짧은 시간 몰입하는 집중력이 강화되어 공부 부스터의 역할을 할 수도 있어요.
아이가 자라고, 점점 공부할 양이 늘어나면 가장 중요한 것이 바로 매일 공부하는 습관을 만드는 일입니다. 어릴 때부터 계획하고 실행하는 습관을 만들면 작은 성취감과 자신감이 쌓이면서 다른 일도 해낼 수 있는 내공이 생겨요.

토독, 한 장씩 가볍게!

한 장과 한 권은 아이가 체감하는
부담이 달라요. 학습량에 대한
부담감이 줄어들면 아이의 공부 습관을
더 쉽게 만들 수 있어요.

2 반복 학습으로 '정확성'부터 '속도'까지 모두 잡아요.

피아노 연주를 배운다고 생각해 보세요. 처음부터 한 곡을 아름답게 연주할 수 있나요? 악보를 읽고, 건반을 하나하나 누르는 게 가능해도 각 음을 박자에 맞춰 정확하고 리듬감 있게 멜로디로 연주하려면 여러 번 반복해서 연습하는 과정이 꼭 필요합니다.
수학도 똑같아요. 개념을 알고 문제를 이해할 수 있어도 계산은 꼭 반복해서 훈련해야 합니다. 수나 식을 계산하는 데 시간이 걸리면 문제를 풀 시간이 모자라게 되고, 어려운 풀이 과정을 다 세워놓고도 마지막 단순 계산에서 실수를 하게 될 수도 있어요. 계산 방법을 몰라서 틀리는 게 아니라 절차 수행이 능숙하지 않아서 오작동을 일으키거나 시간이 오래 걸리는 거랍니다. 꾸준하게 같은 난이도의 문제를 충분히 반복하면 실수가 줄어들고, 점점 빠르게 계산할 수 있어요. 정확성과 속도를 높이는 데 중점을 두고 연산 훈련을 해서 수학의 기초를 튼튼하게 다지세요.

One Day 반복 설계

하루 1장, 2가지 유형
동일 난이도로 5일 반복

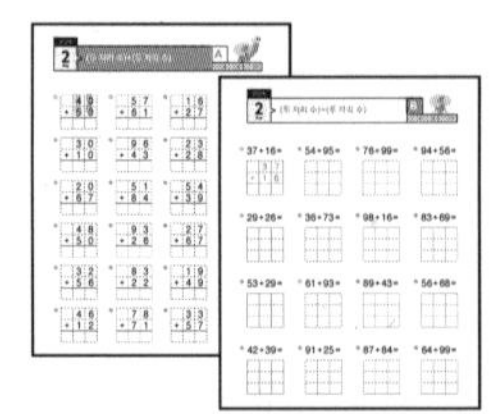

×5

3 반복은 아이 성향과 상황에 맞게 조절하세요.

연산 학습에 반복은 꼭 필요하지만, 아이가 지치고 수학을 싫어하게 만들 정도라면 반복하는 루틴을 조절해 보세요. 아이가 충분히 잘 알고 잘하는 주제라면 반복의 양을 줄일 수도 있고, 매일이 너무 바쁘다면 3일은 연산, 2일은 독해로 과목을 다르게 공부할 수도 있어요. 다만 남은 일차는 계산 실수가 잦을 때 다시 풀어보기로 아이와 약속해 두는 것이 좋아요.

아이의 성향과 현재 상황을 잘 살펴서 융통성 있게 반복하는 '내 아이 맞춤 패턴'을 만들어 보세요.

계산법 맞춤 패턴 만들기

1. 단계별로 3일치만 풀기

3일씩만 풀고, 남은 2일치는 시험 대비나 복습용으로 쓰세요.

2. 2단계씩 묶어서 반복하기

1, 2단계를 3일치씩 풀고 다시 1단계로 돌아가 남은 2일치를 풀어요. 교차학습은 지식을 좀더 오래 기억할 수 있도록 하죠.

4 응용 문제를 풀 때 필요한 연산까지 연습하세요.

연산 훈련을 충분히 하더라도 실제로 학교 시험에 나오는 문제를 보면 당황할 수 있어요. 아이들은 문제의 꼴이 조금만 달라져도 지레 겁을 냅니다.

특히 모르는 수를 □로 놓고 식을 세워야 하는 문장제가 학교 시험에 나오면 아이들은 당황하기 시작하죠. 아이 입장에서 기초 연산으로 해결할 수 없는 □ 자체가 낯설고 어떻게 풀어야 할지 고민될 수 있습니다.

이럴 때는 식 4+□=7을 7-4=□로 바꾸는 것에 익숙해지는 연습해 보세요. 학교에서 알려주지 않지만 응용 문제에는 꼭 필요한 □가 있는 식을 훈련하면 연산에서 응용까지 쉽게 연결할 수 있어요. 스스로 세수를 하고 싶지만 세면대가 너무 높은 아이를 위해 작은 계단을 놓아준다고 생각하세요.

초등 방정식 훈련

초등학생 눈높이에 맞는 □가 있는 식 바꾸기 훈련으로 한 권을 마무리하세요. 문장제처럼 다양한 연산 활용 문제를 푸는 밑바탕을 만들 수 있어요.

5 아이 스스로 계획하고, 실천해서 자기공부력을 쑥쑥 키워요.

백 명의 아이들은 제각기 백 가지 색깔을 지니고 있어요. 아이가 승부욕이 있다면 시간 재기를, 계획 세우는 것을 좋아한다면 스스로 약속을 할 수 있게 돕는 것도 좋아요. 아이와 많은 이야기를 나누면서 공부가 잘되는 시간, 환경, 동기 부여 방법 등을 살펴보고 주도적으로 실천할 수 있는 분위기를 만드는 것이 중요합니다.

아이 스스로 계획하고 실천하면 오늘 약속한 것을 모두 끝냈다는 작은 성취감을 가질 수 있어요. 자기 공부에 대한 책임감도 생깁니다. 자신만의 공부 스타일을 찾고, 주도적으로 실천해야 자기공부력을 키울 수 있어요.

나만의 학습 기록표

잘 보이는 곳에 붙여놓고 주도적으로 실천해요. 어제보다, 지난주보다, 지난달보다 나아진 실력을 보면서 뿌듯함을 느껴보세요!

권별 학습 구성

<기적의 계산법>은 유아 단계부터 초등 6학년까지로 구성된 연산 프로그램 교재입니다.
권별, 단계별 내용을 한눈에 확인하고,
유아부터 초등까지 <기적의 계산법>으로 공부하세요.

유아 5~7세

권	내용	권	내용
P1권	10까지의 구조적 수 세기	P4권	100까지의 구조적 수 세기
P2권	5까지의 덧셈과 뺄셈	P5권	10의 덧셈과 뺄셈
P3권	10보다 작은 덧셈과 뺄셈	P6권	10보다 큰 덧셈과 뺄셈

초1

1권	자연수의 덧셈과 뺄셈 초급	2권	자연수의 덧셈과 뺄셈 중급
1단계	수를 가르고 모으기	11단계	10을 가르고 모으기, 10의 덧셈과 뺄셈
2단계	합이 9까지인 덧셈	12단계	연이은 덧셈, 뺄셈
3단계	차가 9까지인 뺄셈	13단계	받아올림이 있는 (몇)+(몇)
4단계	합과 차가 9까지인 덧셈과 뺄셈 종합	14단계	받아내림이 있는 (십몇)-(몇)
5단계	연이은 덧셈, 뺄셈	15단계	받아올림/받아내림이 있는 덧셈과 뺄셈 종합
6단계	(몇십)+(몇), (몇)+(몇십)	16단계	(두 자리 수)+(한 자리 수)
7단계	(몇십몇)+(몇), (몇십몇)-(몇)	17단계	(두 자리 수)-(한 자리 수)
8단계	(몇십)+(몇십), (몇십)-(몇십)	18단계	두 자리 수와 한 자리 수의 덧셈과 뺄셈 종합
9단계	(몇십몇)+(몇십몇), (몇십몇)-(몇십몇)	19단계	덧셈과 뺄셈의 혼합 계산
10단계	1학년 방정식	20단계	1학년 방정식

초2

3권	자연수의 덧셈과 뺄셈 중급 구구단 초급	4권	구구단 중급 자연수의 덧셈과 뺄셈 고급
21단계	(두 자리 수)+(두 자리 수)	31단계	구구단 종합 ①
22단계	(두 자리 수)-(두 자리 수)	32단계	구구단 종합 ②
23단계	두 자리 수의 덧셈과 뺄셈 종합 ①	33단계	(세 자리 수)+(세 자리 수) ①
24단계	두 자리 수의 덧셈과 뺄셈 종합 ②	34단계	(세 자리 수)+(세 자리 수) ②
25단계	같은 수를 여러 번 더하기	35단계	(세 자리 수)-(세 자리 수) ①
26단계	구구단 2, 5, 3, 4단 ①	36단계	(세 자리 수)-(세 자리 수) ②
27단계	구구단 2, 5, 3, 4단 ②	37단계	(세 자리 수)-(세 자리 수) ③
28단계	구구단 6, 7, 8, 9단 ①	38단계	세 자리 수의 덧셈과 뺄셈 종합 ①
29단계	구구단 6, 7, 8, 9단 ②	39단계	세 자리 수의 덧셈과 뺄셈 종합 ②
30단계	2학년 방정식	40단계	2학년 방정식

초3

5권 자연수의 곱셈과 나눗셈 초급

단계	내용
41단계	(두 자리 수)×(한 자리 수) ①
42단계	(두 자리 수)×(한 자리 수) ②
43단계	(두 자리 수)×(한 자리 수) ③
44단계	(세 자리 수)×(한 자리 수) ①
45단계	(세 자리 수)×(한 자리 수) ②
46단계	곱셈 종합
47단계	나눗셈 기초
48단계	구구단 범위에서의 나눗셈 ①
49단계	구구단 범위에서의 나눗셈 ②
50단계	3학년 방정식

6권 자연수의 곱셈과 나눗셈 중급

단계	내용
51단계	(몇십)×(몇십), (몇십몇)×(몇십)
52단계	(두 자리 수)×(두 자리 수) ①
53단계	(두 자리 수)×(두 자리 수) ②
54단계	(몇십)÷(몇), (몇백몇십)÷(몇)
55단계	(두 자리 수)÷(한 자리 수) ①
56단계	(두 자리 수)÷(한 자리 수) ②
57단계	(두 자리 수)÷(한 자리 수) ③
58단계	(세 자리 수)÷(한 자리 수) ①
59단계	(세 자리 수)÷(한 자리 수) ②
60단계	3학년 방정식

초4

7권 자연수의 곱셈과 나눗셈 고급

단계	내용
61단계	몇십, 몇백 곱하기
62단계	(세 자리 수)×(몇십)
63단계	(세 자리 수)×(두 자리 수)
64단계	몇십으로 나누기
65단계	(세 자리 수)÷(몇십)
66단계	(두 자리 수)÷(두 자리 수)
67단계	(세 자리 수)÷(두 자리 수) ①
68단계	(세 자리 수)÷(두 자리 수) ②
69단계	곱셈과 나눗셈 종합
70단계	4학년 방정식

8권 분수, 소수의 덧셈과 뺄셈 중급

단계	내용
71단계	대분수를 가분수로, 가분수를 대분수로 나타내기
72단계	분모가 같은 진분수의 덧셈과 뺄셈
73단계	분모가 같은 대분수의 덧셈과 뺄셈
74단계	분모가 같은 분수의 덧셈
75단계	분모가 같은 분수의 뺄셈
76단계	분모가 같은 분수의 덧셈과 뺄셈 종합
77단계	자릿수가 같은 소수의 덧셈과 뺄셈
78단계	자릿수가 다른 소수의 덧셈
79단계	자릿수가 다른 소수의 뺄셈
80단계	4학년 방정식

초5

9권 분수의 덧셈과 뺄셈 고급

단계	내용
81단계	약수와 공약수, 배수와 공배수
82단계	최대공약수와 최소공배수
83단계	공약수와 최대공약수, 공배수와 최소공배수의 관계
84단계	약분
85단계	통분
86단계	분모가 다른 진분수의 덧셈과 뺄셈
87단계	분모가 다른 대분수의 덧셈과 뺄셈 ①
88단계	분모가 다른 대분수의 덧셈과 뺄셈 ②
89단계	분모가 다른 분수의 덧셈과 뺄셈 종합
90단계	5학년 방정식

10권 혼합 계산 / 분수, 소수의 곱셈 중급

단계	내용
91단계	덧셈과 뺄셈, 곱셈과 나눗셈의 혼합 계산
92단계	덧셈, 뺄셈, 곱셈의 혼합 계산
93단계	덧셈, 뺄셈, 나눗셈의 혼합 계산
94단계	덧셈, 뺄셈, 곱셈, 나눗셈의 혼합 계산
95단계	(분수)×(자연수), (자연수)×(분수)
96단계	(분수)×(분수) ①
97단계	(분수)×(분수) ②
98단계	(소수)×(자연수), (자연수)×(소수)
99단계	(소수)×(소수)
100단계	5학년 방정식

초6

11권 분수, 소수의 나눗셈 중급

단계	내용
101단계	(자연수)÷(자연수), (분수)÷(자연수)
102단계	분수의 나눗셈 ①
103단계	분수의 나눗셈 ②
104단계	분수의 나눗셈 ③
105단계	(소수)÷(자연수)
106단계	몫이 소수인 (자연수)÷(자연수)
107단계	소수의 나눗셈 ①
108단계	소수의 나눗셈 ②
109단계	소수의 나눗셈 ③
110단계	6학년 방정식

12권 비 / 중등방정식

단계	내용
111단계	비와 비율
112단계	백분율
113단계	비교하는 양, 기준량 구하기
114단계	가장 간단한 자연수의 비로 나타내기
115단계	비례식
116단계	비례배분
117단계	중학교 방정식 ①
118단계	중학교 방정식 ②
119단계	중학교 방정식 ③
120단계	중학교 혼합 계산

• 차례 •

(두 자리 수)+(두 자리 수)

▶ **학습계획** : 매일 공부할 날짜를 정하고, 계획에 맞게 공부하세요.

일차	1일차	2일차	3일차	4일차	5일차
날짜	/	/	/	/	/

▶ **학습연계** : 지금 무엇을 배우는지 확인하고, 이전에 배운 단계와 앞으로 배울 단계를 살펴보세요.

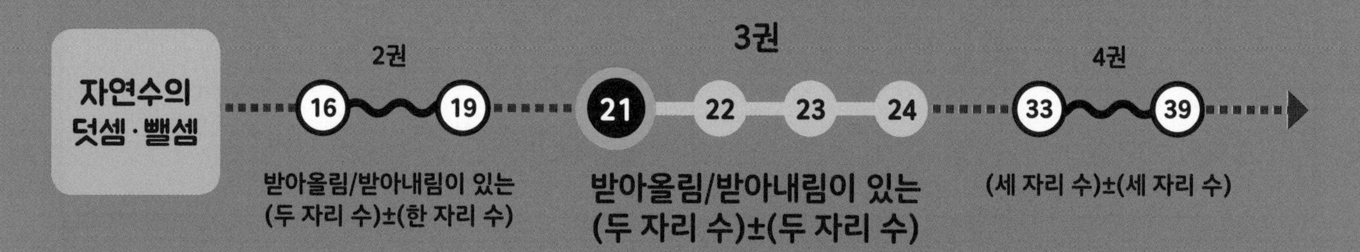

21 (두 자리 수)+(두 자리 수)

같은 자리 수끼리의 합이 10이거나 10보다 크면 바로 윗자리로 받아올림해요.

십의 자리에서 백의 자리로 받아올림

십의 자리 수끼리의 합이 10이거나 10보다 크면 10을 1로 바꾸어 백의 자리로 받아올림합니다. (십 '10'개는 백 '1'개)

62+75

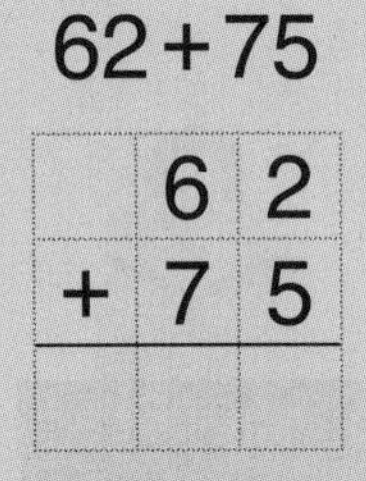

❶ 일의 자리 계산

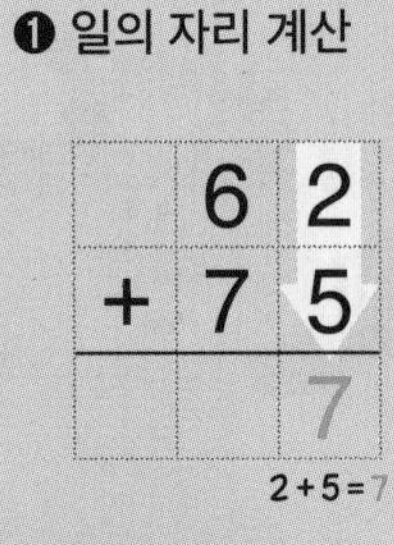

❷ 십의 자리 계산

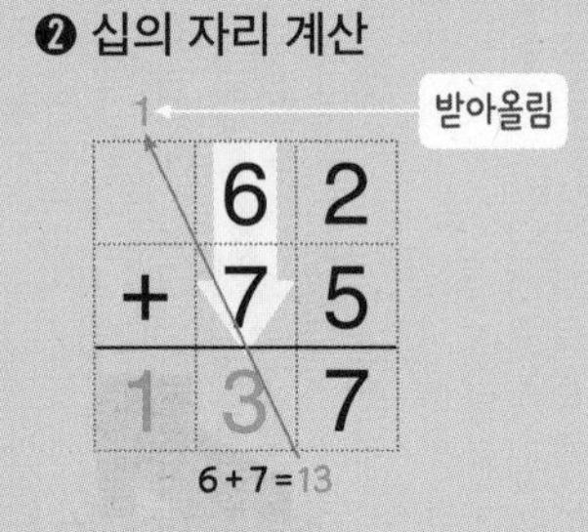

일의 자리에서 십의 자리로 받아올림

십의 자리 수끼리 계산할 때 일의 자리에서 받아올림한 수도 빠뜨리지 말고 꼭 더합니다.

34+29

	3	4
+	2	9

❶ 일의 자리 계산

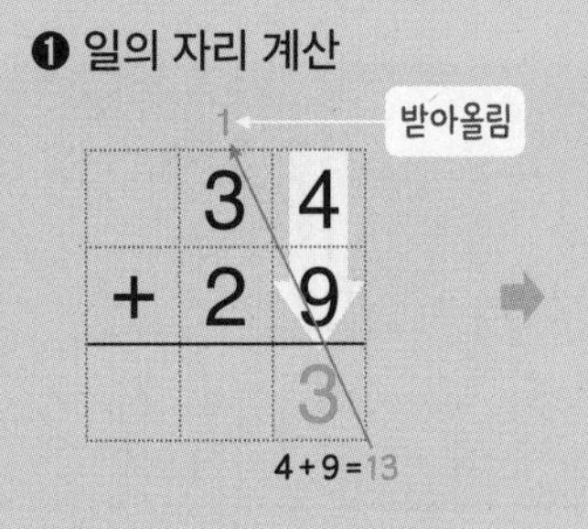

❷ 십의 자리 계산

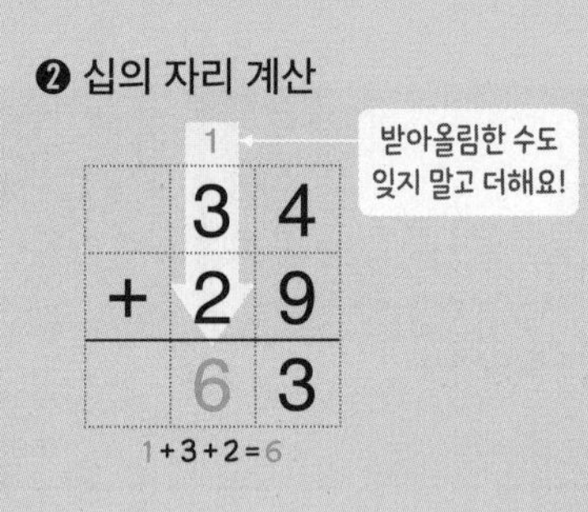

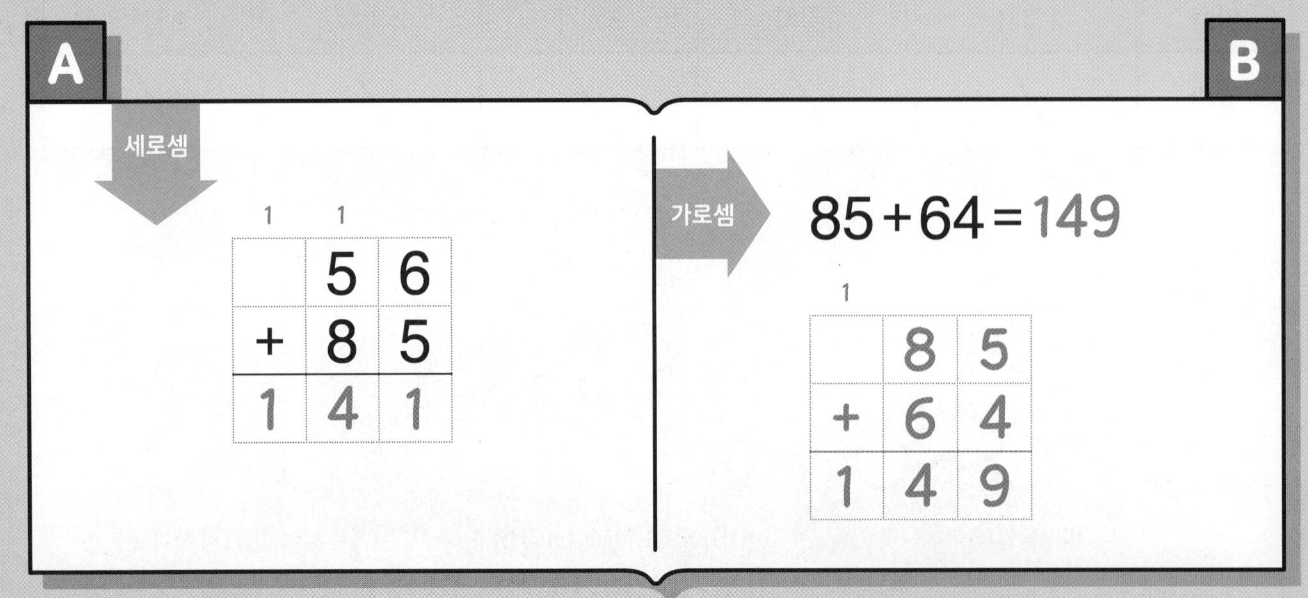

21단계

1 Day (두 자리 수)+(두 자리 수)

A

월 일 / 24

① $\begin{array}{r} 20 \\ +\ 10 \\ \hline \end{array}$

② $\begin{array}{r} 50 \\ +\ 30 \\ \hline \end{array}$

③ $\begin{array}{r} 70 \\ +\ 28 \\ \hline \end{array}$

④ $\begin{array}{r} 33 \\ +\ 60 \\ \hline \end{array}$

⑤ $\begin{array}{r} 12 \\ +\ 27 \\ \hline \end{array}$

⑥ $\begin{array}{r} 53 \\ +\ 34 \\ \hline \end{array}$

⑦ $\begin{array}{r} 63 \\ +\ 84 \\ \hline \end{array}$

⑧ $\begin{array}{r} 12 \\ +\ 97 \\ \hline \end{array}$

⑨ $\begin{array}{r} 43 \\ +\ 75 \\ \hline \end{array}$

⑩ $\begin{array}{r} 91 \\ +\ 86 \\ \hline \end{array}$

⑪ $\begin{array}{r} 62 \\ +\ 61 \\ \hline \end{array}$

⑫ $\begin{array}{r} 51 \\ +\ 68 \\ \hline \end{array}$

⑬ $\begin{array}{r} 48 \\ +\ 49 \\ \hline \end{array}$

⑭ $\begin{array}{r} 29 \\ +\ 47 \\ \hline \end{array}$

⑮ $\begin{array}{r} 18 \\ +\ 15 \\ \hline \end{array}$

⑯ $\begin{array}{r} 55 \\ +\ 17 \\ \hline \end{array}$

⑰ $\begin{array}{r} 34 \\ +\ 56 \\ \hline \end{array}$

⑱ $\begin{array}{r} 77 \\ +\ 14 \\ \hline \end{array}$

⑲ $\begin{array}{r} 71 \\ +\ 59 \\ \hline \end{array}$

⑳ $\begin{array}{r} 57 \\ +\ 86 \\ \hline \end{array}$

㉑ $\begin{array}{r} 65 \\ +\ 65 \\ \hline \end{array}$

㉒ $\begin{array}{r} 78 \\ +\ 75 \\ \hline \end{array}$

㉓ $\begin{array}{r} 99 \\ +\ 42 \\ \hline \end{array}$

㉔ $\begin{array}{r} 23 \\ +\ 98 \\ \hline \end{array}$

21단계

(두 자리 수)+(두 자리 수)

월 일 / 16

① 82+26=

	8	2
+	2	6

② 35+92=

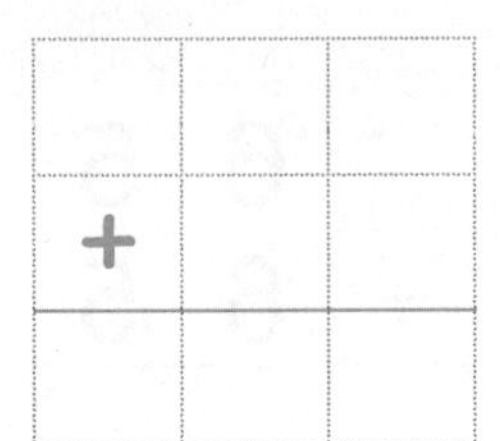

③ 74+81=

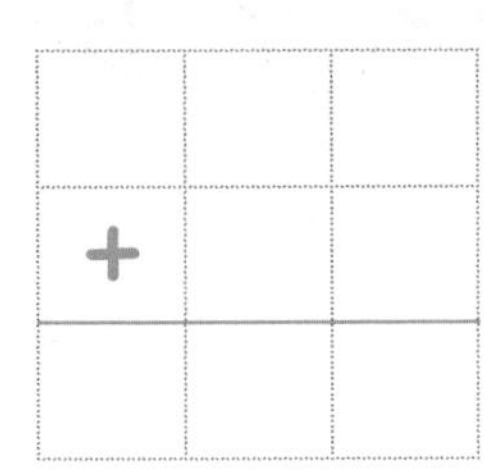

④ 95+94=

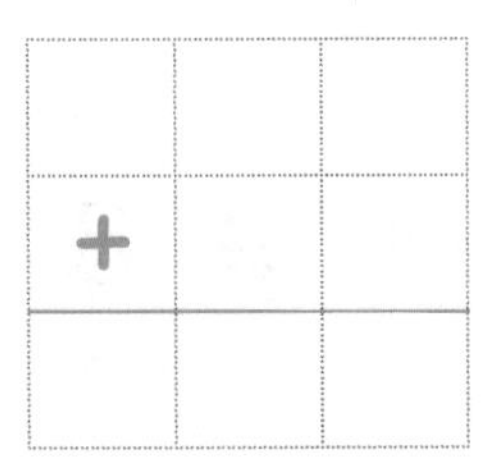

⑤ 42+18=

⑥ 19+26=

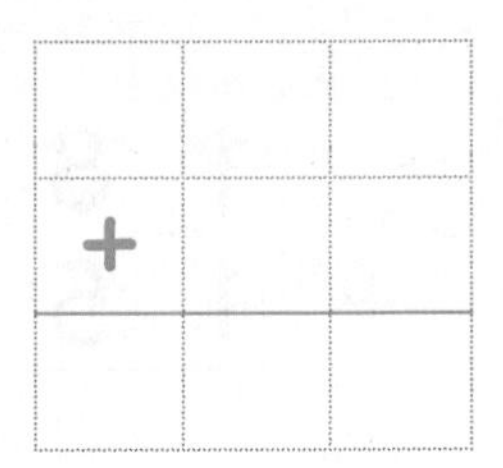

⑦ 66+25=

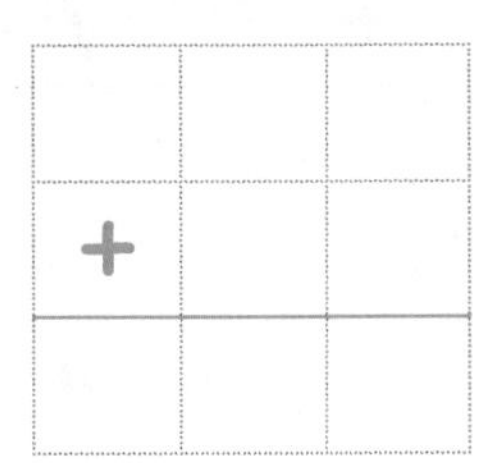

⑧ 18+67=

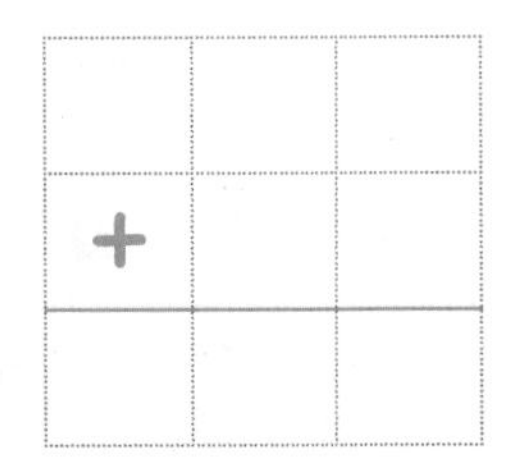

⑨ 86+77=

⑩ 69+79=

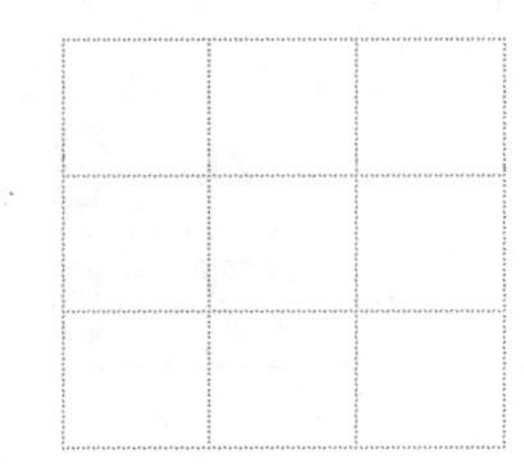

⑪ 67+58=

⑫ 26+95=

⑬ 75+68=

⑭ 78+37=

⑮ 95+76=

⑯ 63+68=

21단계

2 Day (두 자리 수)+(두 자리 수) A

월 일 / 24

① 40 + 50 =

② 30 + 10 =

③ 20 + 67 =

④ 48 + 50 =

⑤ 32 + 56 =

⑥ 46 + 12 =

⑦ 57 + 61 =

⑧ 96 + 43 =

⑨ 51 + 84 =

⑩ 93 + 26 =

⑪ 83 + 22 =

⑫ 78 + 71 =

⑬ 16 + 27 =

⑭ 23 + 28 =

⑮ 54 + 39 =

⑯ 27 + 67 =

⑰ 19 + 49 =

⑱ 33 + 57 =

⑲ 76 + 54 =

⑳ 65 + 89 =

㉑ 96 + 76 =

㉒ 62 + 99 =

㉓ 78 + 63 =

㉔ 59 + 71 =

21단계

2
Day

(두 자리 수)+(두 자리 수)

B

월 일 / 16

① 37+16=

	3	7
+	1	6

② 29+26=

③ 53+29=

④ 42+39=

⑤ 54+95=

⑥ 36+73=

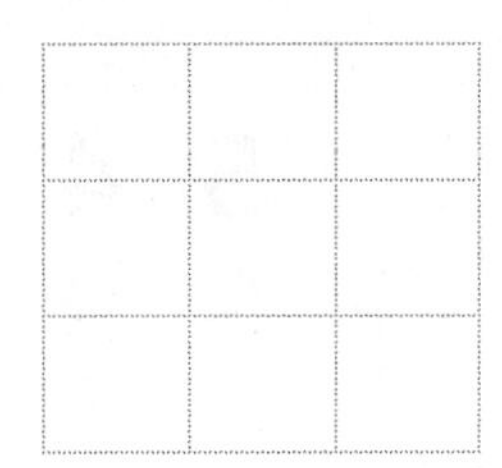

⑦ 61+93=

⑧ 91+25=

⑨ 76+99=

⑩ 98+16=

⑪ 89+43=

⑫ 87+84=

⑬ 94+56=

⑭ 83+69=

⑮ 56+68=

⑯ 64+99=

(두 자리 수)+(두 자리 수)

A

월 일 / 24

① $40 + 30 =$

② $10 + 50 =$

③ $30 + 36 =$

④ $52 + 10 =$

⑤ $63 + 21 =$

⑥ $15 + 44 =$

⑦ $92 + 16 =$

⑧ $67 + 82 =$

⑨ $42 + 84 =$

⑩ $42 + 71 =$

⑪ $85 + 81 =$

⑫ $73 + 35 =$

⑬ $48 + 37 =$

⑭ $59 + 23 =$

⑮ $36 + 36 =$

⑯ $47 + 45 =$

⑰ $14 + 18 =$

⑱ $19 + 56 =$

⑲ $96 + 39 =$

⑳ $98 + 95 =$

㉑ $83 + 47 =$

㉒ $99 + 48 =$

㉓ $58 + 99 =$

㉔ $98 + 68 =$

21단계

3 Day

(두 자리 수)+(두 자리 수)

① 83+86=

	8	3
+	8	6

② 81+27=

③ 46+91=

④ 53+82=

⑤ 29+35=

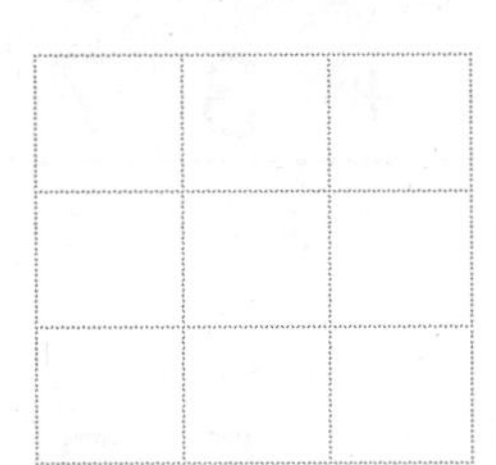

⑥ 68+24=

⑦ 24+26=

⑧ 17+43=

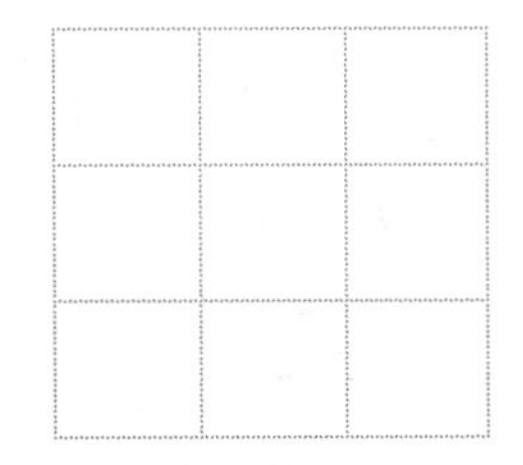

⑨ 69+52=

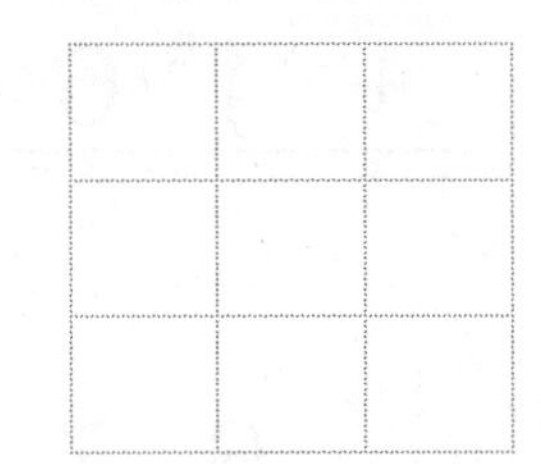

⑩ 78+94=

⑪ 85+79=

⑫ 36+98=

⑬ 79+84=

⑭ 43+69=

⑮ 68+65=

⑯ 95+65=

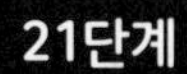

(두 자리 수)+(두 자리 수)

①

	7	0
+	1	0

②

	2	0
+	5	0

③

	5	0
+	4	2

④

	2	7
+	6	0

⑤

	4	3
+	2	1

⑥

	1	5
+	7	1

⑦

	2	3
+	9	2

⑧

	8	1
+	5	8

⑨

	9	1
+	2	6

⑩

	7	2
+	3	1

⑪

	6	3
+	7	4

⑫

	8	7
+	2	2

⑬

	3	4
+	3	7

⑭

	1	9
+	6	4

⑮

	2	9
+	5	9

⑯

	4	3
+	2	8

⑰

	5	7
+	2	3

⑱

	5	5
+	1	8

⑲

	9	5
+	6	8

⑳

	5	1
+	9	9

㉑

	7	8
+	9	8

㉒

	9	3
+	7	9

㉓

	6	8
+	9	3

㉔

	8	6
+	7	6

21단계

(두 자리 수)+(두 자리 수)

① 75+94=

	7	5
+	9	4

② 32+95=

③ 86+31=

④ 97+52=

⑤ 16+35=

⑥ 35+45=

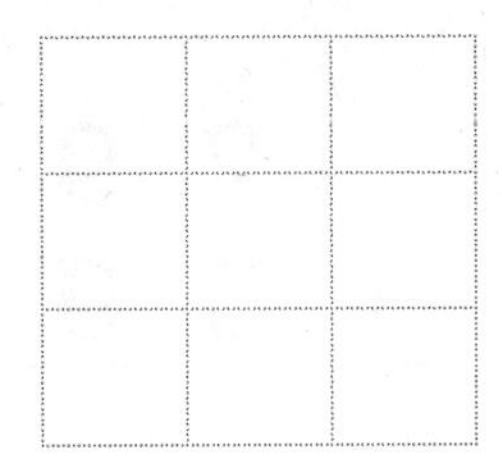

⑦ 45+28=

⑧ 56+27=

⑨ 68+84=

⑩ 35+89=

⑪ 69+74=

⑫ 96+29=

⑬ 87+55=

⑭ 92+88=

⑮ 57+56=

⑯ 46+79=

(두 자리 수)+(두 자리 수)

A

월 일 / 24

① 30 + 40

② 40 + 20

③ 40 + 34

④ 69 + 20

⑤ 31 + 65

⑥ 62 + 34

⑦ 82 + 47

⑧ 35 + 84

⑨ 76 + 83

⑩ 54 + 62

⑪ 94 + 61

⑫ 75 + 72

⑬ 31 + 49

⑭ 18 + 19

⑮ 44 + 39

⑯ 67 + 26

⑰ 74 + 18

⑱ 29 + 12

⑲ 47 + 78

⑳ 79 + 76

㉑ 88 + 47

㉒ 59 + 82

㉓ 95 + 37

㉔ 93 + 77

21단계

(두 자리 수)+(두 자리 수)

B

월 일 / 16

① 43+49=

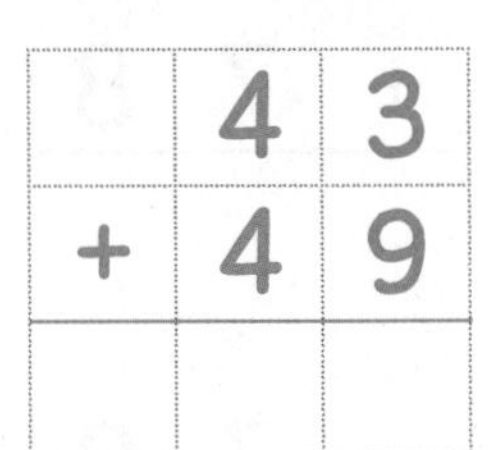

② 17+69=

③ 39+21=

④ 49+26=

⑤ 94+91=

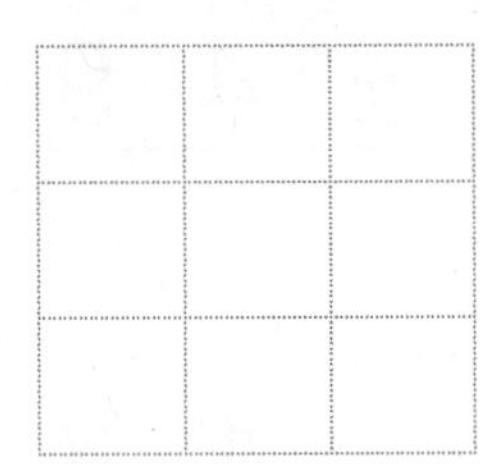

⑥ 13+95=

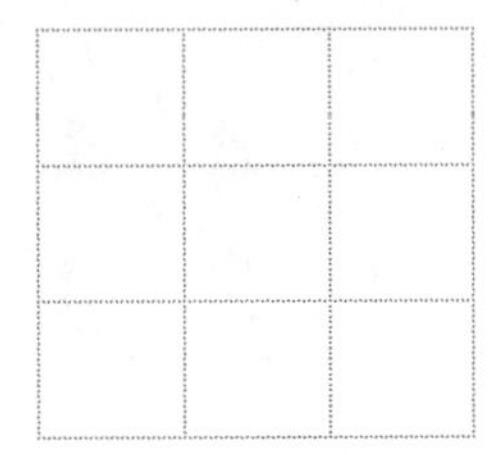

⑦ 87+41=

⑧ 32+84=

⑨ 75+76=

⑩ 59+75=

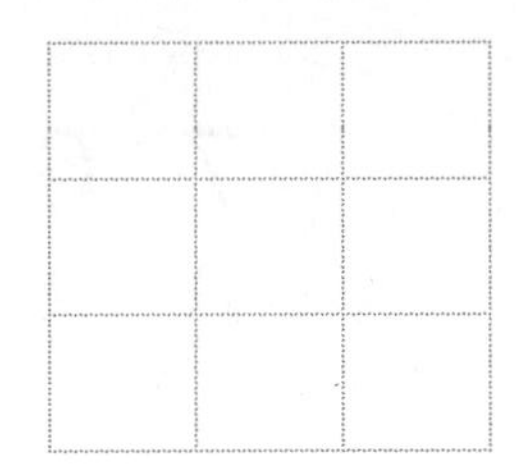

⑪ 85+65=

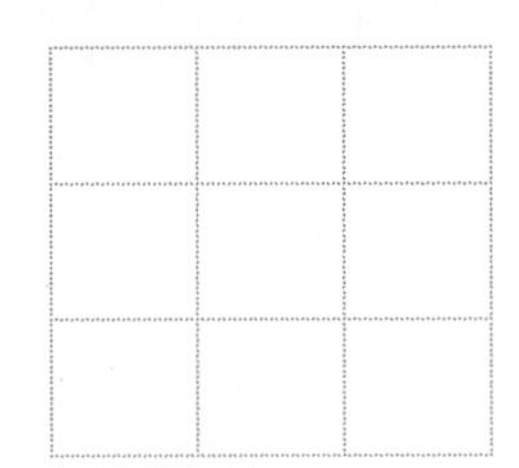

⑫ 79+44=

⑬ 59+98=

⑭ 66+97=

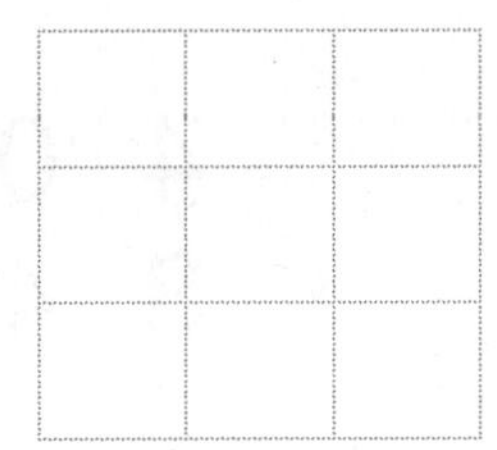

⑮ 99+94=

⑯ 87+28=

(두 자리 수) −(두 자리 수)

▶ **학습계획 :** 매일 공부할 날짜를 정하고, 계획에 맞게 공부하세요.

일차	1일차	2일차	3일차	4일차	5일차
날짜	/	/	/	/	/

▶ **학습연계 :** 지금 무엇을 배우는지 확인하고, 이전에 배운 단계와 앞으로 배울 단계를 살펴보세요.

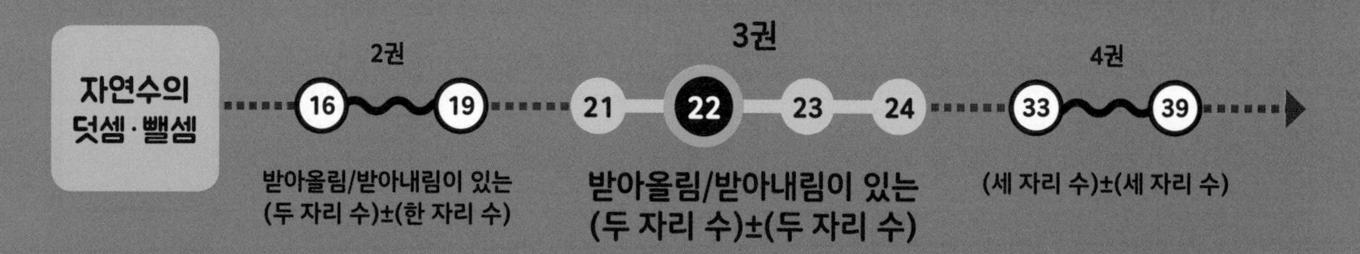

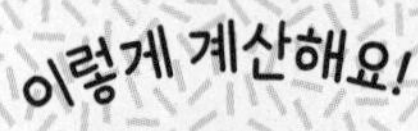

22 (두 자리 수)-(두 자리 수)

십의 자리에서 1을 받아내림하면 일의 자리는 10 커져요.

두 자리 수의 뺄셈은 다음 2가지만 기억하면 돼요.

❶ 일의 자리 → 십의 자리의 순서로 계산해요.

❷ 일의 자리 수끼리 뺄 수 없으면 십의 자리에서 1을 10으로 바꾸어 일의 자리로 받아내림해요.
이때 십의 자리 수는 1 작아지고, 일의 자리 수는 10 커짐을 기억하세요.

십의 자리에서 받아내림이 있는 경우 십의 자리 수가 1 작아져서 처음 수와 달라지므로 꼭 일의 자리부터 계산해요.

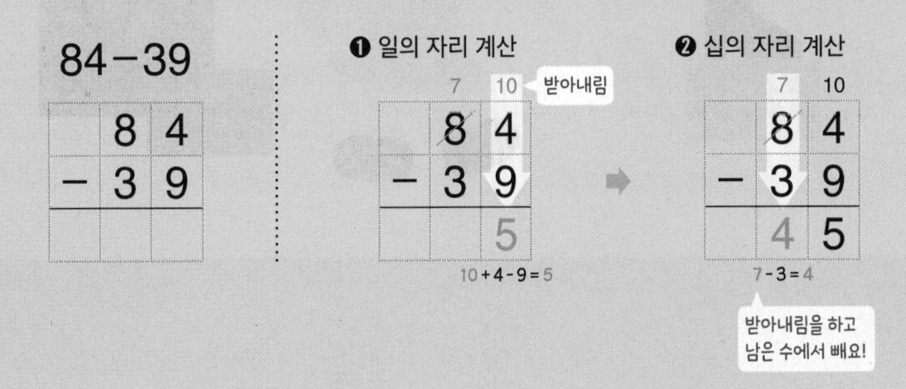

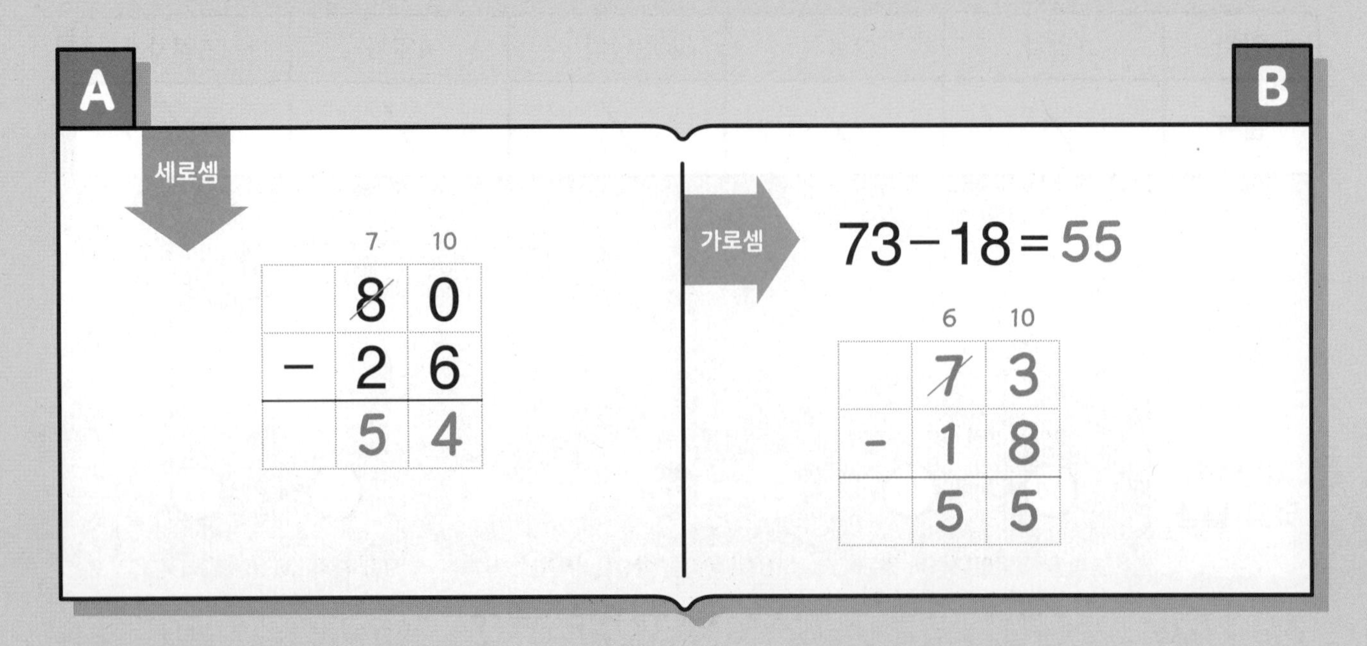

22단계

(두 자리 수)-(두 자리 수)

월 일 / 24

① 40 − 10 =

② 80 − 60 =

③ 37 − 20 =

④ 74 − 40 =

⑤ 86 − 43 =

⑥ 48 − 13 =

⑦ 30 − 15 =

⑧ 70 − 26 =

⑨ 50 − 22 =

⑩ 60 − 25 =

⑪ 80 − 79 =

⑫ 90 − 13 =

⑬ 84 − 47 =

⑭ 93 − 26 =

⑮ 42 − 16 =

⑯ 32 − 27 =

⑰ 78 − 59 =

⑱ 96 − 49 =

⑲ 42 − 38 =

⑳ 35 − 18 =

㉑ 41 − 23 =

㉒ 65 − 37 =

㉓ 84 − 78 =

㉔ 33 − 15 =

22단계 1 Day

(두 자리 수)-(두 자리 수)

① $82-50=$

	8	2
-	5	0

② $96-41=$

③ $50-17=$

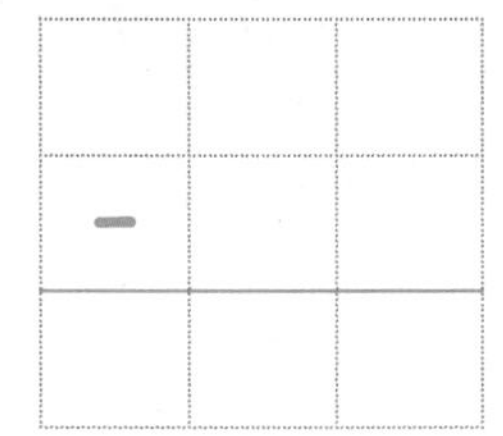

④ $80-44=$

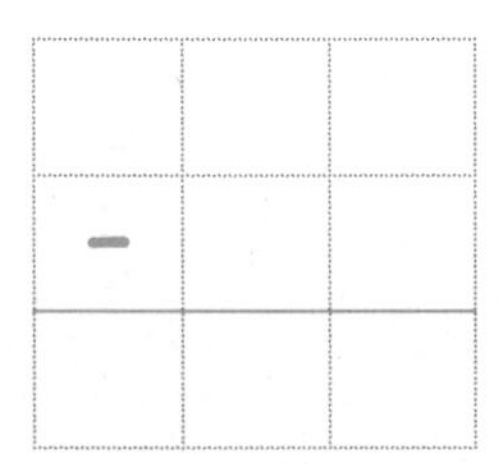

⑤ $74-29=$

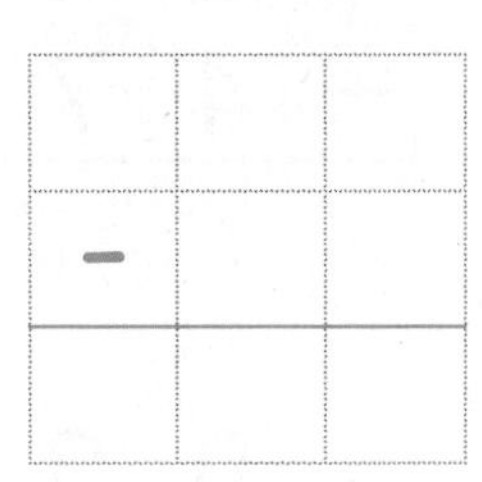

⑥ $31-28=$

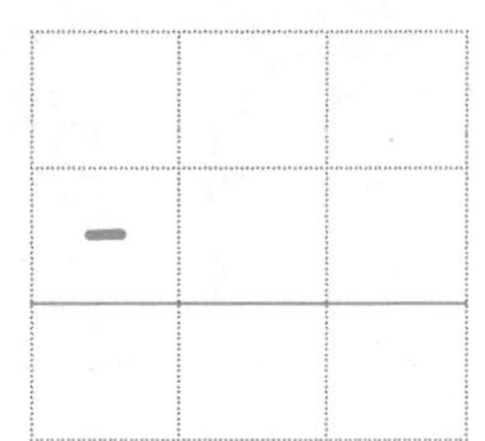

⑦ $64-45=$

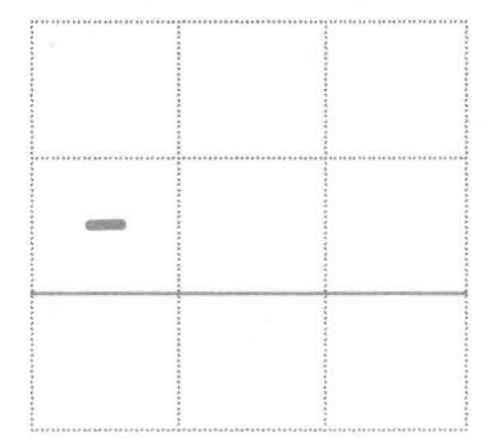

⑧ $95-76=$

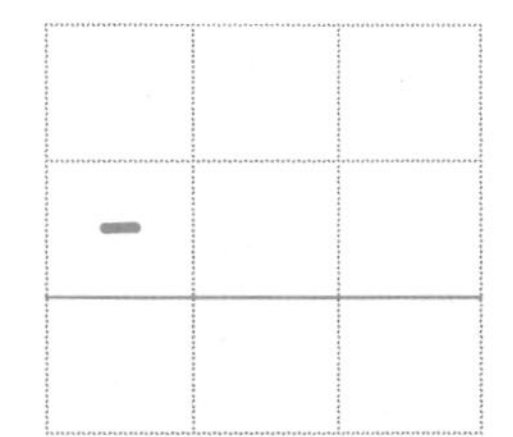

⑨ $45-17=$

⑩ $42-27=$

⑪ $51-34=$

⑫ $63-38=$

⑬ $86-48=$

⑭ $63-14=$

⑮ $72-69=$

⑯ $87-49=$

22단계

2 Day

(두 자리 수)-(두 자리 수)

A

월 일 / 24

① $60 - 30$

② $40 - 20$

③ $78 - 50$

④ $35 - 30$

⑤ $73 - 43$

⑥ $69 - 58$

⑦ $70 - 55$

⑧ $50 - 14$

⑨ $30 - 27$

⑩ $20 - 19$

⑪ $50 - 32$

⑫ $90 - 86$

⑬ $74 - 15$

⑭ $52 - 47$

⑮ $92 - 34$

⑯ $62 - 48$

⑰ $57 - 39$

⑱ $71 - 44$

⑲ $82 - 65$

⑳ $44 - 39$

㉑ $25 - 16$

㉒ $83 - 58$

㉓ $61 - 15$

㉔ $46 - 27$

22단계

2 Day

(두 자리 수)-(두 자리 수)

① 65−10=

	6	5
-	1	0

② 54−22=

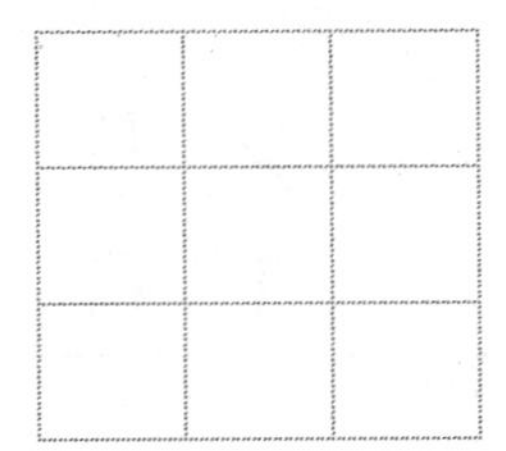

③ 40−11=

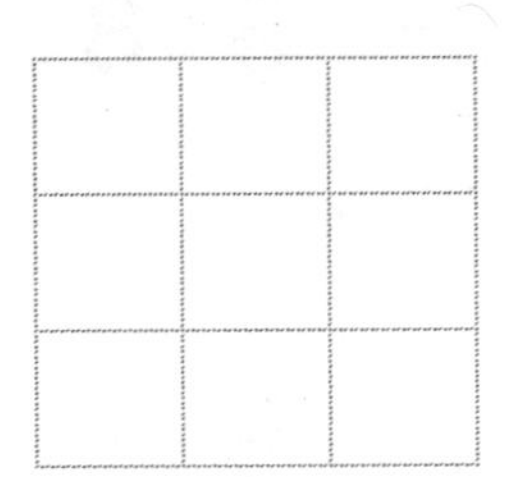

④ 80−67=

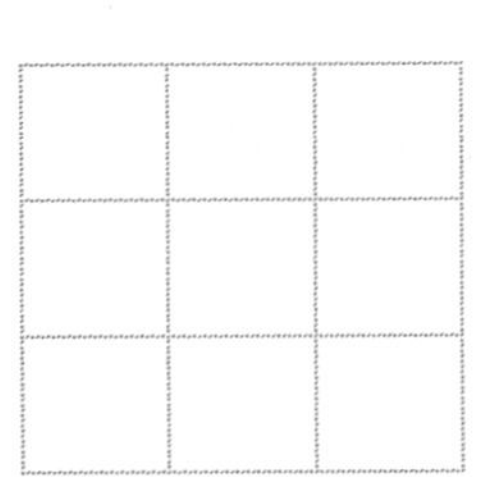

⑤ 84−57=

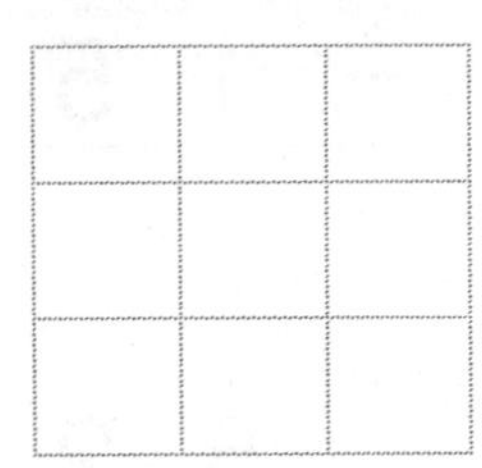

⑥ 97−58=

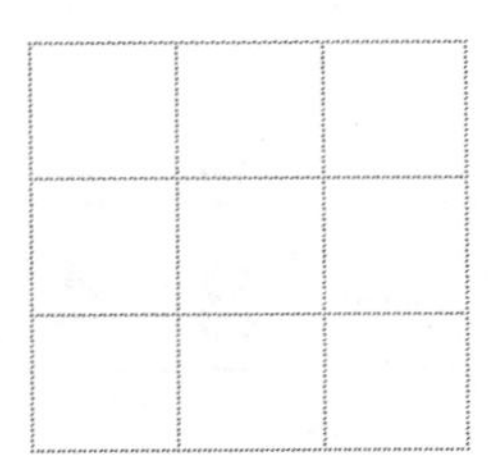

⑦ 82−17=

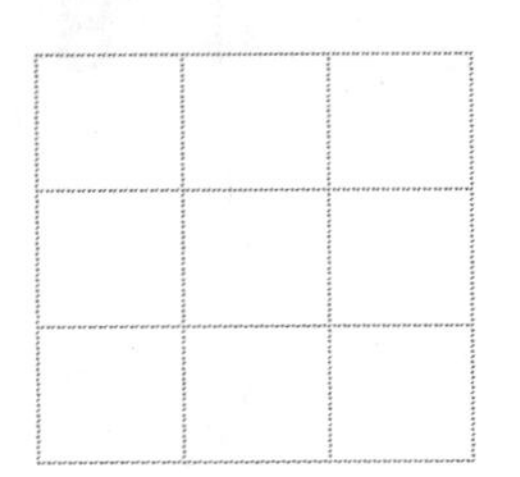

⑧ 44−29=

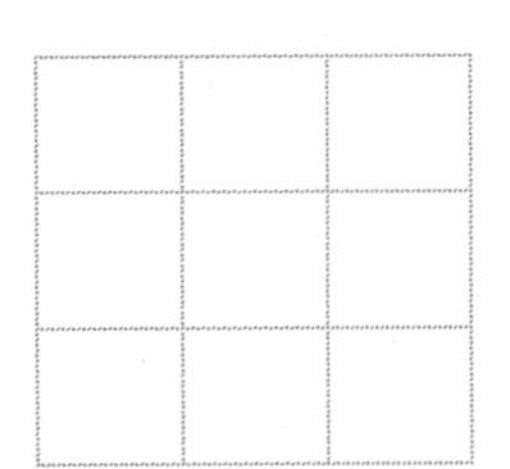

⑨ 71−22=

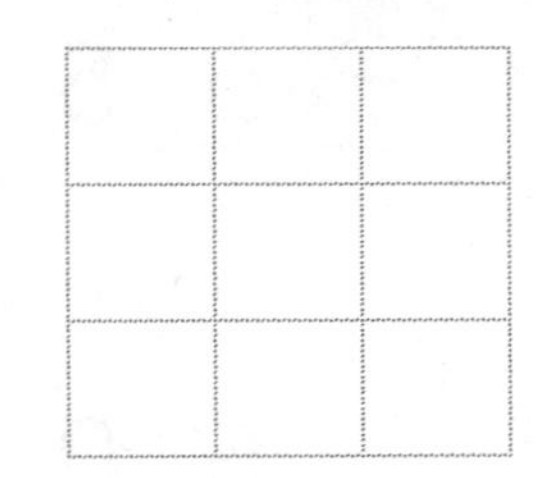

⑩ 72−15=

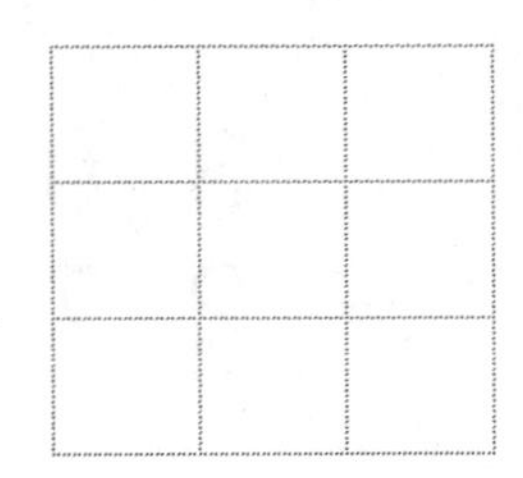

⑪ 93−46=

⑫ 92−33=

⑬ 82−13=

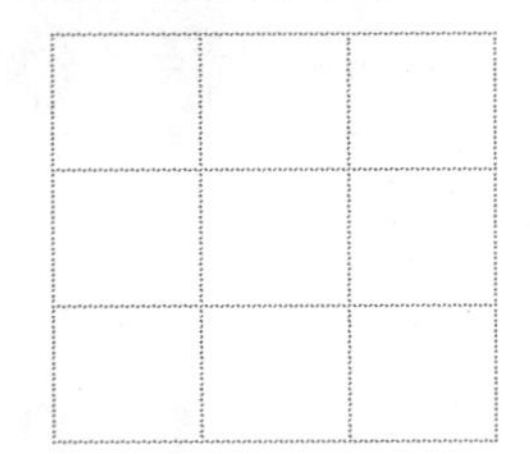

⑭ 84−37=

⑮ 77−59=

⑯ 36−18=

3 Day (두 자리 수)-(두 자리 수)

월 일 / 24

① 80 − 70

② 50 − 20

③ 65 − 30

④ 86 − 20

⑤ 57 − 34

⑥ 29 − 17

⑦ 40 − 28

⑧ 80 − 27

⑨ 60 − 44

⑩ 40 − 36

⑪ 70 − 59

⑫ 90 − 11

⑬ 85 − 49

⑭ 47 − 29

⑮ 33 − 14

⑯ 34 − 28

⑰ 82 − 67

⑱ 51 − 15

⑲ 76 − 59

⑳ 46 − 18

㉑ 34 − 27

㉒ 51 − 39

㉓ 92 − 63

㉔ 23 − 18

22단계

3 Day

(두 자리 수)-(두 자리 수)

B

월 일 / 16

① 32−20=

	3	2
-	2	0

② 67−36=

③ 70−25=

④ 50−33=

⑤ 92−27=

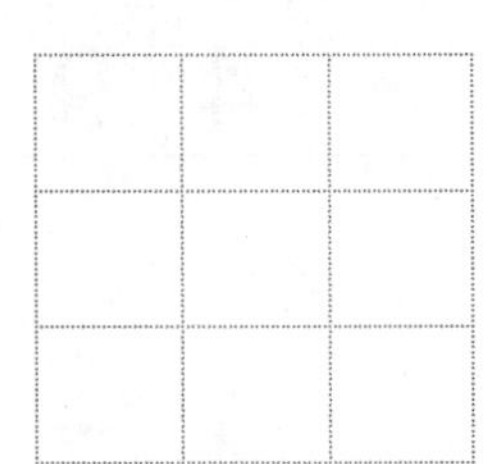

⑥ 93−74=

⑦ 47−28=

⑧ 62−47=

⑨ 81−23=

⑩ 88−59=

⑪ 43−16=

⑫ 85−69=

⑬ 72−34=

⑭ 92−45=

⑮ 94−57=

⑯ 31−14=

(두 자리 수)-(두 자리 수)

A

월 일 / 24

① $60 - 50$

② $30 - 20$

③ $44 - 10$

④ $63 - 30$

⑤ $73 - 21$

⑥ $54 - 12$

⑦ $30 - 22$

⑧ $50 - 16$

⑨ $80 - 37$

⑩ $90 - 59$

⑪ $70 - 13$

⑫ $60 - 45$

⑬ $94 - 25$

⑭ $82 - 75$

⑮ $47 - 38$

⑯ $82 - 56$

⑰ $54 - 36$

⑱ $64 - 49$

⑲ $61 - 24$

⑳ $44 - 16$

㉑ $55 - 38$

㉒ $61 - 37$

㉓ $23 - 14$

㉔ $74 - 28$

(두 자리 수)-(두 자리 수)

① 76−50=

	7	6
-	5	0

⑤ 41−34=

⑨ 53−45=

⑬ 64−28=

② 83−31=

⑥ 75−28=

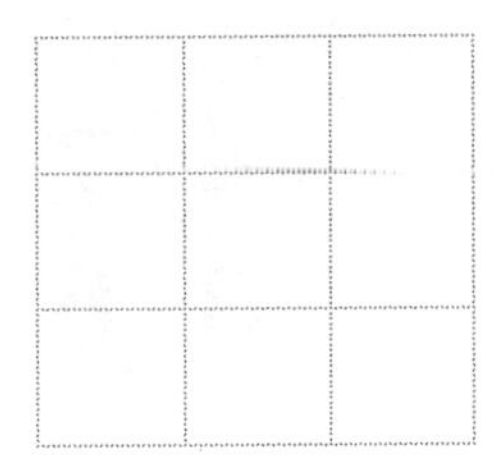

⑩ 73−49=

⑭ 83−18=

③ 30−21=

⑦ 98−29=

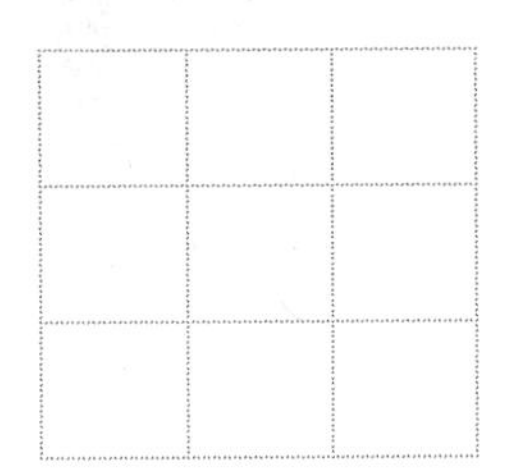

⑪ 66−37=

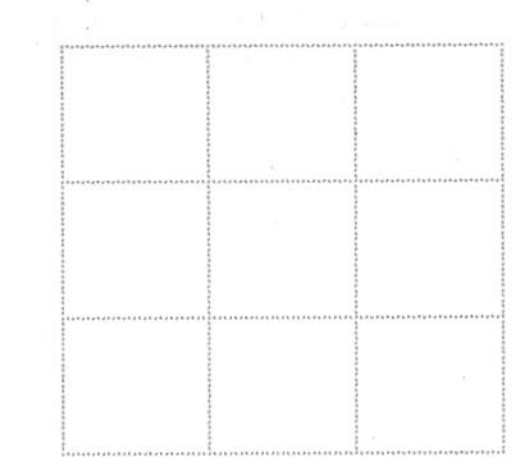

⑮ 81−38=

④ 40−18=

⑧ 83−27=

⑫ 94−75=

⑯ 53−25=

22단계

(두 자리 수)-(두 자리 수)

A

월 일 / 24

① $90 - 80$

② $70 - 50$

③ $64 - 50$

④ $88 - 30$

⑤ $54 - 33$

⑥ $78 - 33$

⑦ $70 - 47$

⑧ $60 - 13$

⑨ $20 - 16$

⑩ $90 - 45$

⑪ $30 - 28$

⑫ $50 - 39$

⑬ $32 - 18$

⑭ $91 - 65$

⑮ $45 - 16$

⑯ $64 - 25$

⑰ $74 - 48$

⑱ $32 - 25$

⑲ $22 - 14$

⑳ $38 - 19$

㉑ $62 - 55$

㉒ $83 - 77$

㉓ $32 - 13$

㉔ $53 - 44$

(두 자리 수)-(두 자리 수)

B

월 일 / 16

① $91-80=$

	9	1
-	8	0

② $77-15=$

③ $50-24=$

④ $60-37=$

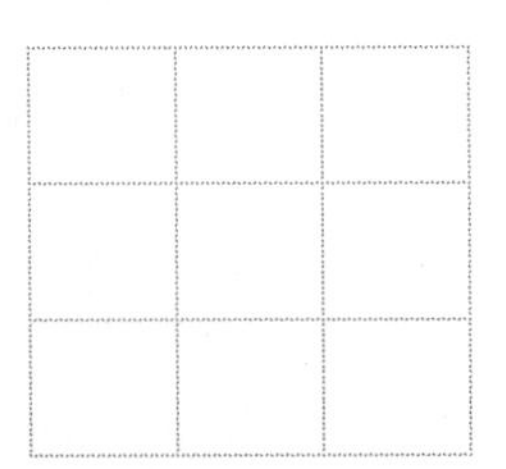

⑤ $65-47=$

⑥ $55-19=$

⑦ $75-37=$

⑧ $97-39=$

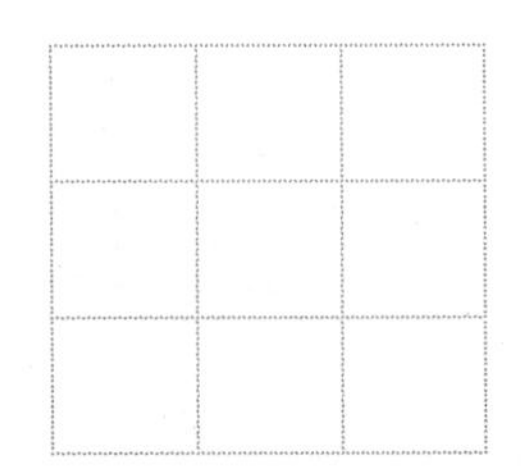

⑨ $43-17=$

⑩ $53-24=$

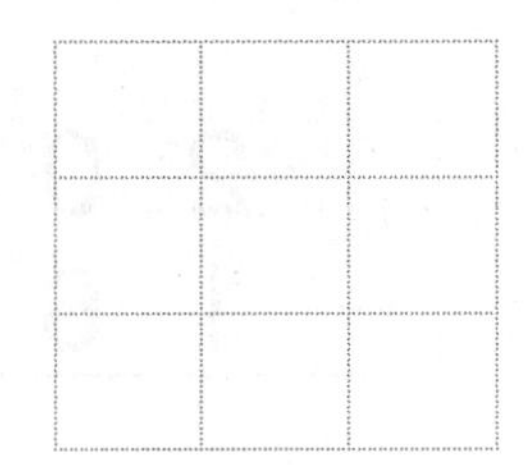

⑪ $74-46=$

⑫ $72-56=$

⑬ $94-68=$

⑭ $91-13=$

⑮ $52-19=$

⑯ $93-68=$

두 자리 수의 덧셈과 뺄셈 종합 ①

▶ **학습계획** : 매일 공부할 날짜를 정하고, 계획에 맞게 공부하세요.

일차	1일차	2일차	3일차	4일차	5일차
날짜	/	/	/	/	/

▶ **학습연계** : 지금 무엇을 배우는지 확인하고, 이전에 배운 단계와 앞으로 배울 단계를 살펴보세요.

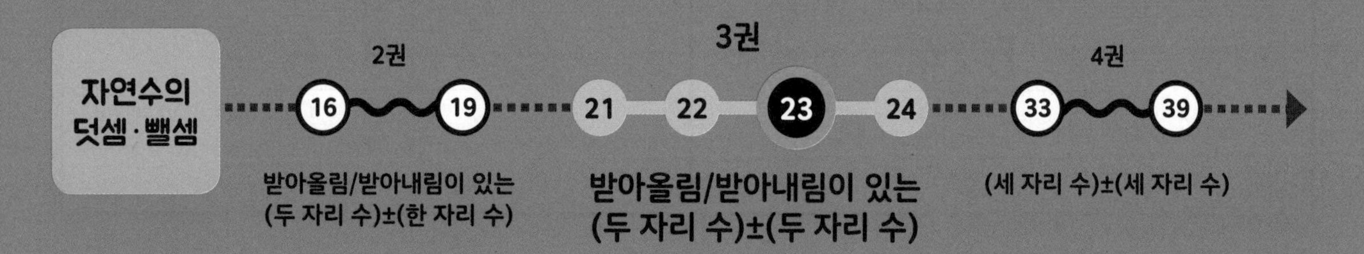

23 두 자리 수의 덧셈과 뺄셈 종합 ❶

받아올림과 받아내림을 할 때 필요한 수는 '10'이에요.

받아올림은 10을 묶어서 바로 윗자리로 1을 보내고, 받아내림은 1을 풀어서 바로 아랫자리로 10을 보내는 과정입니다. 자리에 맞추어 10을 묶거나 풀면서 받아올림, 받아내림을 충분히 연습하세요.

(두 자리 수)+(두 자리 수)

❶ 받아올림이 없을 때

	1	4
+	2	3
	3	7

❷ 일의 자리에서 받아올림이 있을 때

	1	
	3	7
+	4	8
	8	5

❸ 일, 십의 자리에서 받아올림이 있을 때

1	1	
	5	6
+	8	9
1	4	5

(두 자리 수)-(두 자리 수)

❶ 받아내림이 없을 때

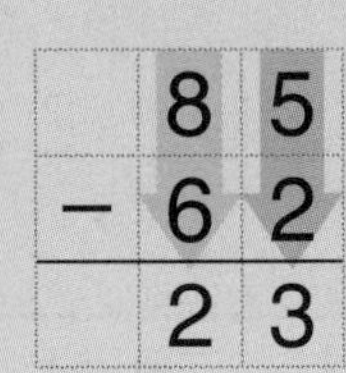

	8	5
−	6	2
	2	3

❷ 십의 자리에서 받아내림이 있을 때

	3	10
	~~4~~	3
−	2	7
	1	6

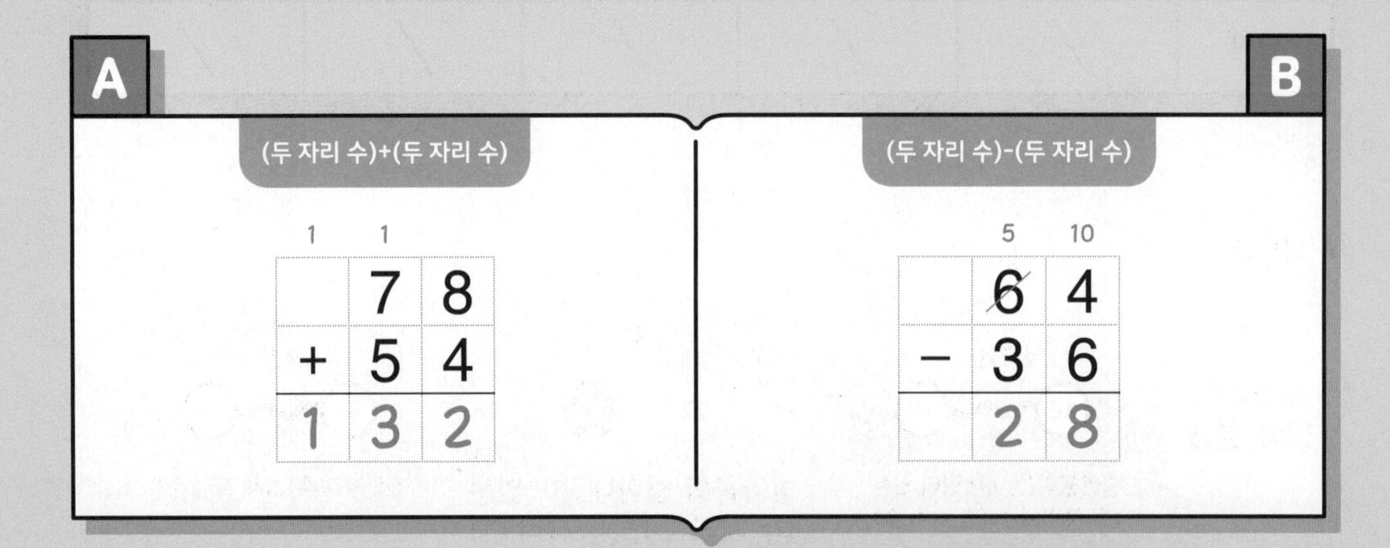

A (두 자리 수)+(두 자리 수)

1	1	
	7	8
+	5	4
1	3	2

B (두 자리 수)-(두 자리 수)

	5	10
	~~6~~	4
−	3	6
	2	8

두 자리 수의 덧셈과 뺄셈 종합 ❶

A

월 일 / 24

① $16 + 21$

② $60 + 27$

③ $75 + 89$

④ $27 + 28$

⑤ $83 + 64$

⑥ $30 + 60$

⑦ $73 + 47$

⑧ $86 + 53$

⑨ $43 + 34$

⑩ $68 + 63$

⑪ $95 + 96$

⑫ $72 + 25$

⑬ $20 + 30$

⑭ $38 + 14$

⑮ $29 + 75$

⑯ $19 + 40$

⑰ $67 + 15$

⑱ $94 + 51$

⑲ $59 + 35$

⑳ $97 + 79$

㉑ $41 + 87$

㉒ $84 + 56$

㉓ $56 + 58$

㉔ $38 + 84$

23단계

두 자리 수의 덧셈과 뺄셈 종합 ❶

B

월 일 / 24

① $\begin{array}{r} 80 \\ -\ 55 \\ \hline \end{array}$

② $\begin{array}{r} 58 \\ -\ 10 \\ \hline \end{array}$

③ $\begin{array}{r} 21 \\ -\ 16 \\ \hline \end{array}$

④ $\begin{array}{r} 47 \\ -\ 25 \\ \hline \end{array}$

⑤ $\begin{array}{r} 82 \\ -\ 23 \\ \hline \end{array}$

⑥ $\begin{array}{r} 60 \\ -\ 47 \\ \hline \end{array}$

⑦ $\begin{array}{r} 82 \\ -\ 66 \\ \hline \end{array}$

⑧ $\begin{array}{r} 71 \\ -\ 44 \\ \hline \end{array}$

⑨ $\begin{array}{r} 92 \\ -\ 63 \\ \hline \end{array}$

⑩ $\begin{array}{r} 56 \\ -\ 18 \\ \hline \end{array}$

⑪ $\begin{array}{r} 74 \\ -\ 39 \\ \hline \end{array}$

⑫ $\begin{array}{r} 45 \\ -\ 28 \\ \hline \end{array}$

⑬ $\begin{array}{r} 60 \\ -\ 20 \\ \hline \end{array}$

⑭ $\begin{array}{r} 32 \\ -\ 11 \\ \hline \end{array}$

⑮ $\begin{array}{r} 83 \\ -\ 25 \\ \hline \end{array}$

⑯ $\begin{array}{r} 63 \\ -\ 35 \\ \hline \end{array}$

⑰ $\begin{array}{r} 90 \\ -\ 50 \\ \hline \end{array}$

⑱ $\begin{array}{r} 29 \\ -\ 19 \\ \hline \end{array}$

⑲ $\begin{array}{r} 86 \\ -\ 41 \\ \hline \end{array}$

⑳ $\begin{array}{r} 95 \\ -\ 76 \\ \hline \end{array}$

㉑ $\begin{array}{r} 70 \\ -\ 36 \\ \hline \end{array}$

㉒ $\begin{array}{r} 30 \\ -\ 24 \\ \hline \end{array}$

㉓ $\begin{array}{r} 53 \\ -\ 16 \\ \hline \end{array}$

㉔ $\begin{array}{r} 81 \\ -\ 30 \\ \hline \end{array}$

2 Day

두 자리 수의 덧셈과 뺄셈 종합 ①

A

월 일 / 24

① $30 + 50$

② $64 + 10$

③ $48 + 25$

④ $55 + 66$

⑤ $63 + 23$

⑥ $98 + 45$

⑦ $51 + 16$

⑧ $71 + 75$

⑨ $86 + 47$

⑩ $13 + 69$

⑪ $87 + 52$

⑫ $10 + 70$

⑬ $37 + 28$

⑭ $59 + 82$

⑮ $25 + 53$

⑯ $40 + 38$

⑰ $34 + 99$

⑱ $56 + 67$

⑲ $42 + 89$

⑳ $47 + 53$

㉑ $93 + 86$

㉒ $95 + 37$

㉓ $58 + 28$

㉔ $41 + 72$

23단계

2 Day

두 자리 수의 덧셈과 뺄셈 종합 ❶

B

월 일 / 24

① $70 - 30$

② $50 - 50$

③ $86 - 39$

④ $76 - 40$

⑤ $43 - 25$

⑥ $80 - 61$

⑦ $53 - 27$

⑧ $94 - 62$

⑨ $60 - 33$

⑩ $33 - 14$

⑪ $50 - 37$

⑫ $22 - 13$

⑬ $81 - 15$

⑭ $37 - 12$

⑮ $71 - 54$

⑯ $85 - 52$

⑰ $92 - 46$

⑱ $75 - 58$

⑲ $65 - 37$

⑳ $48 - 45$

㉑ $90 - 34$

㉒ $57 - 29$

㉓ $64 - 19$

㉔ $48 - 10$

23단계

두 자리 수의 덧셈과 뺄셈 종합 ①

A

월 일 / 24

① $57 + 22$

② $74 + 63$

③ $85 + 55$

④ $77 + 14$

⑤ $39 + 30$

⑥ $27 + 97$

⑦ $29 + 38$

⑧ $10 + 10$

⑨ $69 + 47$

⑩ $91 + 52$

⑪ $26 + 25$

⑫ $79 + 75$

⑬ $83 + 45$

⑭ $96 + 36$

⑮ $23 + 41$

⑯ $13 + 56$

⑰ $68 + 62$

⑱ $48 + 27$

⑲ $60 + 24$

⑳ $48 + 57$

㉑ $56 + 78$

㉒ $40 + 50$

㉓ $54 + 83$

㉔ $89 + 38$

23단계

3 Day

두 자리 수의 덧셈과 뺄셈 종합 ❶

B

월 일 / 24

① $93 - 55$

② $80 - 37$

③ $24 - 19$

④ $85 - 47$

⑤ $96 - 12$

⑥ $61 - 40$

⑦ $48 - 24$

⑧ $32 - 18$

⑨ $90 - 20$

⑩ $40 - 26$

⑪ $52 - 25$

⑫ $70 - 33$

⑬ $51 - 39$

⑭ $83 - 46$

⑮ $67 - 48$

⑯ $74 - 34$

⑰ $22 - 14$

⑱ $41 - 27$

⑲ $70 - 10$

⑳ $65 - 31$

㉑ $50 - 15$

㉒ $31 - 23$

㉓ $84 - 50$

㉔ $97 - 79$

두 자리 수의 덧셈과 뺄셈 종합 ①

A

월 일 / 24

① 38 + 30 =

② 47 + 15 =

③ 84 + 65 =

④ 24 + 73 =

⑤ 50 + 10 =

⑥ 36 + 89 =

⑦ 92 + 53 =

⑧ 67 + 33 =

⑨ 75 + 99 =

⑩ 61 + 57 =

⑪ 17 + 98 =

⑫ 72 + 55 =

⑬ 11 + 48 =

⑭ 20 + 70 =

⑮ 58 + 87 =

⑯ 45 + 78 =

⑰ 87 + 38 =

⑱ 28 + 19 =

⑲ 56 + 24 =

⑳ 88 + 53 =

㉑ 18 + 46 =

㉒ 71 + 59 =

㉓ 37 + 41 =

㉔ 40 + 26 =

두 자리 수의 덧셈과 뺄셈 종합 ❶

B

월 일 / 24

①
	2	5
−	1	3

②
	9	3
−	2	4

③
	3	7
−	2	9

④
	7	4
−	5	1

⑤
	8	0
−	7	0

⑥
	3	5
−	1	8

⑦
	8	2
−	4	4

⑧
	4	9
−	3	6

⑨
	5	0
−	1	2

⑩
	6	6
−	3	8

⑪
	5	4
−	1	6

⑫
	7	0
−	3	5

⑬
	3	0
−	1	0

⑭
	7	4
−	1	9

⑮
	8	6
−	5	7

⑯
	9	0
−	4	3

⑰
	7	3
−	5	7

⑱
	5	1
−	1	0

⑲
	5	3
−	2	6

⑳
	6	0
−	3	7

㉑
	4	5
−	2	0

㉒
	2	3
−	1	5

㉓
	6	7
−	2	5

㉔
	9	2
−	5	6

5 Day

두 자리 수의 덧셈과 뺄셈 종합 ①

A

월 일 / 24

① $59 + 63$

② $76 + 18$

③ $69 + 59$

④ $92 + 41$

⑤ $77 + 57$

⑥ $20 + 46$

⑦ $10 + 60$

⑧ $27 + 96$

⑨ $13 + 23$

⑩ $84 + 87$

⑪ $59 + 28$

⑫ $45 + 89$

⑬ $38 + 37$

⑭ $63 + 52$

⑮ $79 + 36$

⑯ $30 + 30$

⑰ $28 + 43$

⑱ $63 + 76$

⑲ $86 + 29$

⑳ $34 + 15$

㉑ $57 + 20$

㉒ $46 + 98$

㉓ $14 + 32$

㉔ $91 + 54$

두 자리 수의 덧셈과 뺄셈 종합 ❶

B

월 일 / 24

① $98 - 20$

② $31 - 12$

③ $69 - 18$

④ $40 - 28$

⑤ $55 - 17$

⑥ $80 - 30$

⑦ $67 - 31$

⑧ $50 - 19$

⑨ $62 - 24$

⑩ $88 - 69$

⑪ $60 - 55$

⑫ $92 - 27$

⑬ $72 - 16$

⑭ $85 - 44$

⑮ $76 - 10$

⑯ $94 - 72$

⑰ $73 - 18$

⑱ $48 - 39$

⑲ $40 - 40$

⑳ $24 - 16$

㉑ $43 - 14$

㉒ $65 - 38$

㉓ $86 - 49$

㉔ $20 - 11$

두 자리 수의 덧셈과 뺄셈 종합 ❷

▶ **학습계획** : 매일 공부할 날짜를 정하고, 계획에 맞게 공부하세요.

일차	1일차	2일차	3일차	4일차	5일차
날짜	/	/	/	/	/

▶ **학습연계** : 지금 무엇을 배우는지 확인하고, 이전에 배운 단계와 앞으로 배울 단계를 살펴보세요.

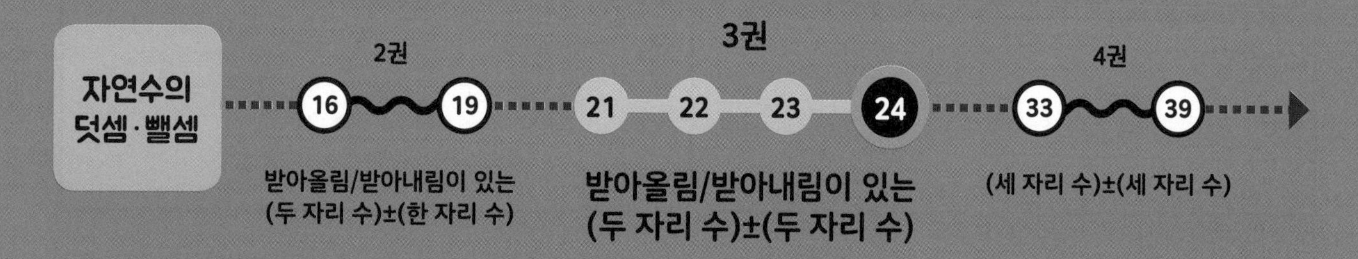

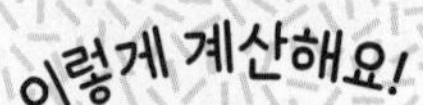

24 두 자리 수의 덧셈과 뺄셈 종합 ❷

같은 자리끼리 계산하고, 받아올림이나 받아내림에 주의하세요.

21, 22, 23단계에서 두 자리 수의 덧셈과 뺄셈을 배웠어요.
덧셈과 뺄셈 모두 자리를 맞추어 쓴 다음, 같은 자리 수끼리 계산하면 된답니다.
이때 2가지를 꼭 기억하세요.

❶ 일의 자리 → 십의 자리의 순서로 계산하기
❷ 같은 자리 수끼리의 합이 10이거나 10보다 크면 받아올림하고,
일의 자리 수끼리 뺄 수 없으면 받아내림하기

이 단계에서는 받아올림이나 받아내림에 주의하면서 두 자리 수끼리 정확하게 계산하는 연습을 합니다.
이 학습을 완성하면 4권 33~39단계에서 배울 세 자리 수의 계산도 쉽게 할 수 있답니다.

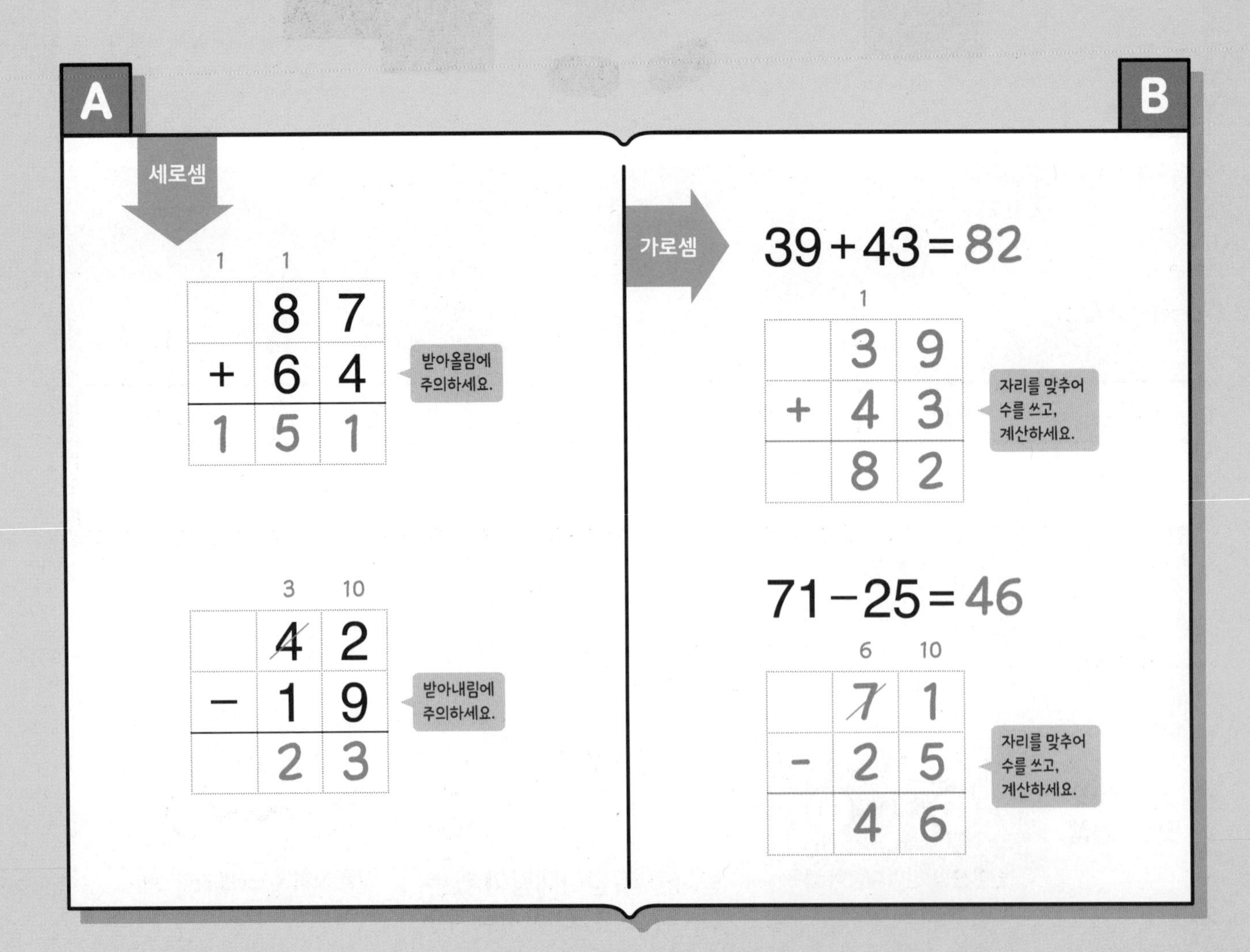

두 자리 수의 덧셈과 뺄셈 종합 ❷

A

월 일 / 24

① $45 + 31$

② $16 + 86$

③ $61 + 28$

④ $42 + 73$

⑤ $14 + 56$

⑥ $74 + 55$

⑦ $29 + 34$

⑧ $21 + 84$

⑨ $72 + 39$

⑩ $83 + 47$

⑪ $85 + 96$

⑫ $67 + 78$

⑬ $96 - 41$

⑭ $94 - 82$

⑮ $32 - 15$

⑯ $64 - 36$

⑰ $71 - 45$

⑱ $97 - 13$

⑲ $72 - 14$

⑳ $63 - 18$

㉑ $76 - 25$

㉒ $85 - 18$

㉓ $61 - 53$

㉔ $72 - 39$

24단계

두 자리 수의 덧셈과 뺄셈 종합 ❷

① $21+67=$

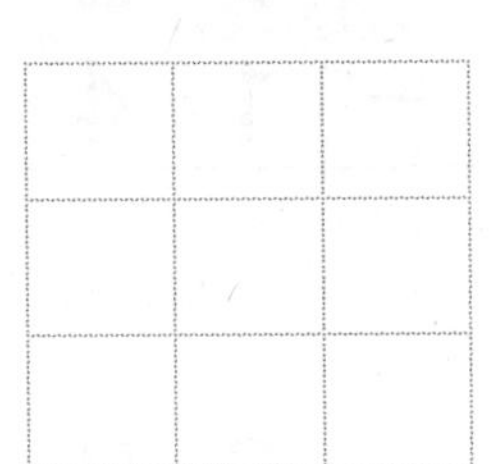

② $23+27=$

③ $92+19=$

④ $53+95=$

⑤ $29+22=$

⑥ $54+37=$

⑦ $95+15=$

⑧ $74+28=$

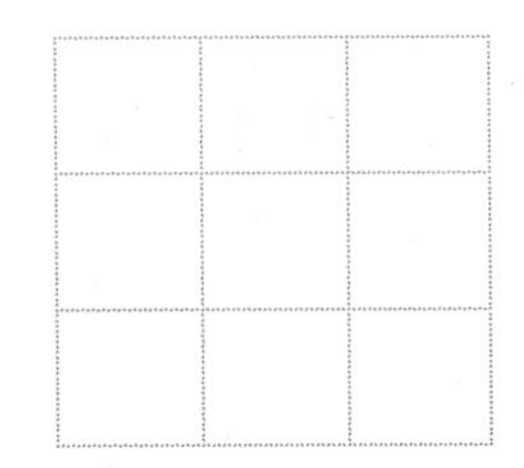

⑨ $79-64=$

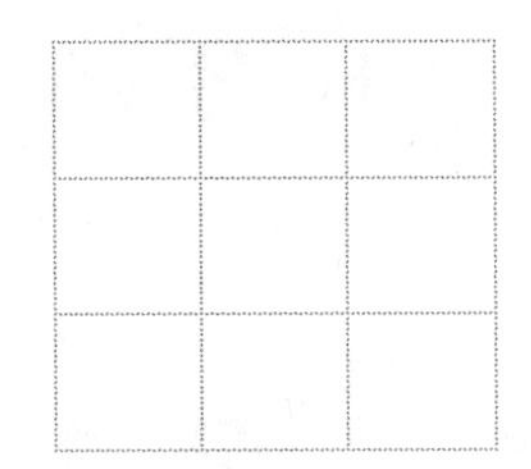

⑩ $52-27=$

⑪ $96-83=$

⑫ $91-54=$

⑬ $32-18=$

⑭ $84-28=$

⑮ $47-36=$

⑯ $95-46=$

Day

두 자리 수의 덧셈과 뺄셈 종합 ❷

A

월 일 / 24

① $23 + 72 =$

② $37 + 11 =$

③ $66 + 28 =$

④ $47 + 34 =$

⑤ $36 + 72 =$

⑥ $91 + 81 =$

⑦ $74 + 42 =$

⑧ $65 + 68 =$

⑨ $57 + 24 =$

⑩ $88 + 35 =$

⑪ $52 + 59 =$

⑫ $37 + 68 =$

⑬ $67 - 52 =$

⑭ $58 - 22 =$

⑮ $93 - 86 =$

⑯ $62 - 25 =$

⑰ $42 - 18 =$

⑱ $83 - 42 =$

⑲ $46 - 37 =$

⑳ $93 - 55 =$

㉑ $50 - 11 =$

㉒ $36 - 28 =$

㉓ $55 - 24 =$

㉔ $71 - 62 =$

두 자리 수의 덧셈과 뺄셈 종합 ❷

B

① 15+52=

② 16+34=

③ 34+95=

④ 61+43=

⑤ 39+12=

⑥ 53+38=

⑦ 75+48=

⑧ 45+66=

⑨ 29−17=

⑩ 96−39=

⑪ 97−85=

⑫ 72−34=

⑬ 62−38=

⑭ 31−28=

⑮ 78−42=

⑯ 81−53=

24단계

두 자리 수의 덧셈과 뺄셈 종합 ❷

A

월 일 / 24

① $\begin{array}{r} 42 \\ +\ 52 \\ \hline \end{array}$

② $\begin{array}{r} 69 \\ +\ 15 \\ \hline \end{array}$

③ $\begin{array}{r} 52 \\ +\ 34 \\ \hline \end{array}$

④ $\begin{array}{r} 74 \\ +\ 54 \\ \hline \end{array}$

⑤ $\begin{array}{r} 82 \\ +\ 22 \\ \hline \end{array}$

⑥ $\begin{array}{r} 39 \\ +\ 44 \\ \hline \end{array}$

⑦ $\begin{array}{r} 73 \\ +\ 18 \\ \hline \end{array}$

⑧ $\begin{array}{r} 93 \\ +\ 42 \\ \hline \end{array}$

⑨ $\begin{array}{r} 26 \\ +\ 36 \\ \hline \end{array}$

⑩ $\begin{array}{r} 59 \\ +\ 63 \\ \hline \end{array}$

⑪ $\begin{array}{r} 97 \\ +\ 27 \\ \hline \end{array}$

⑫ $\begin{array}{r} 85 \\ +\ 68 \\ \hline \end{array}$

⑬ $\begin{array}{r} 48 \\ -\ 22 \\ \hline \end{array}$

⑭ $\begin{array}{r} 90 \\ -\ 21 \\ \hline \end{array}$

⑮ $\begin{array}{r} 73 \\ -\ 54 \\ \hline \end{array}$

⑯ $\begin{array}{r} 72 \\ -\ 45 \\ \hline \end{array}$

⑰ $\begin{array}{r} 61 \\ -\ 32 \\ \hline \end{array}$

⑱ $\begin{array}{r} 38 \\ -\ 26 \\ \hline \end{array}$

⑲ $\begin{array}{r} 73 \\ -\ 49 \\ \hline \end{array}$

⑳ $\begin{array}{r} 64 \\ -\ 26 \\ \hline \end{array}$

㉑ $\begin{array}{r} 86 \\ -\ 64 \\ \hline \end{array}$

㉒ $\begin{array}{r} 81 \\ -\ 44 \\ \hline \end{array}$

㉓ $\begin{array}{r} 97 \\ -\ 59 \\ \hline \end{array}$

㉔ $\begin{array}{r} 63 \\ -\ 45 \\ \hline \end{array}$

두 자리 수의 덧셈과 뺄셈 종합 ❷

① 25+63=

② 89+23=

③ 13+92=

④ 55+93=

⑤ 15+27=

⑥ 64+29=

⑦ 34+86=

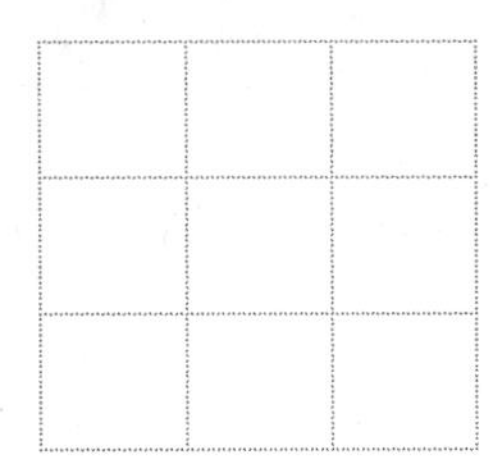

⑧ 68+73=

⑨ 98−54=

⑩ 86−37=

⑪ 74−24=

⑫ 65−27=

⑬ 52−13=

⑭ 42−38=

⑮ 40−27=

⑯ 72−43=

두 자리 수의 덧셈과 뺄셈 종합 ❷

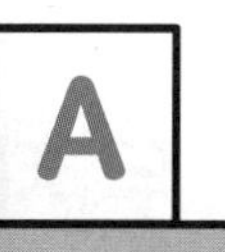

월 일 / 24

① $52 + 37$

② $14 + 55$

③ $25 + 45$

④ $75 + 91$

⑤ $42 + 38$

⑥ $72 + 57$

⑦ $58 + 81$

⑧ $23 + 38$

⑨ $92 + 69$

⑩ $56 + 27$

⑪ $25 + 86$

⑫ $43 + 98$

⑬ $57 - 13$

⑭ $93 - 42$

⑮ $85 - 59$

⑯ $63 - 29$

⑰ $84 - 16$

⑱ $90 - 11$

⑲ $92 - 26$

⑳ $84 - 19$

㉑ $71 - 22$

㉒ $37 - 18$

㉓ $59 - 38$

㉔ $65 - 26$

24단계

5 Day 두 자리 수의 덧셈과 뺄셈 종합 ❷

① $71+23=$

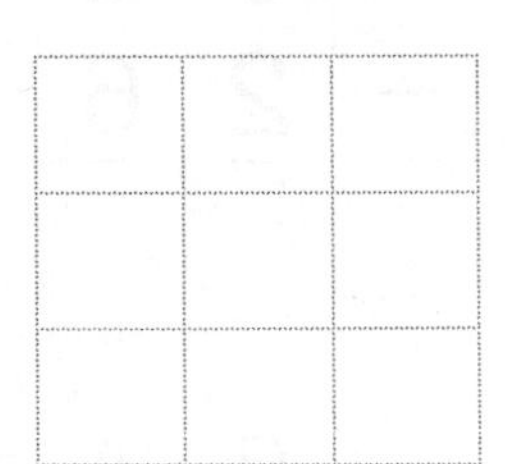

② $42+42=$

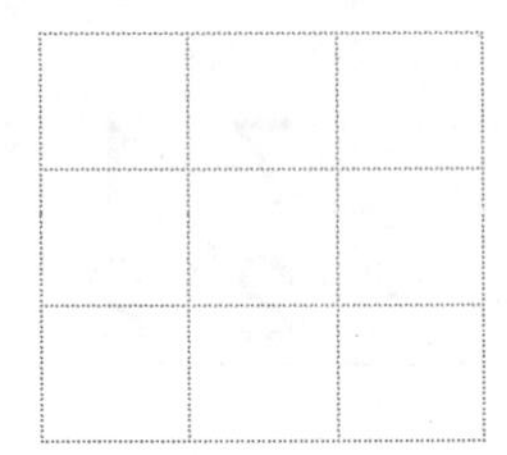

③ $46+52=$

④ $34+74=$

⑤ $76+25=$

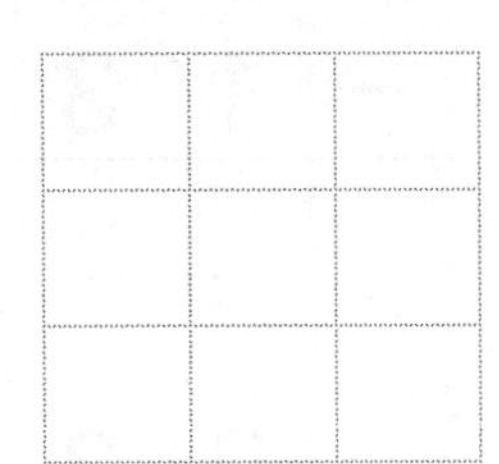

⑥ $65+29=$

⑦ $36+99=$

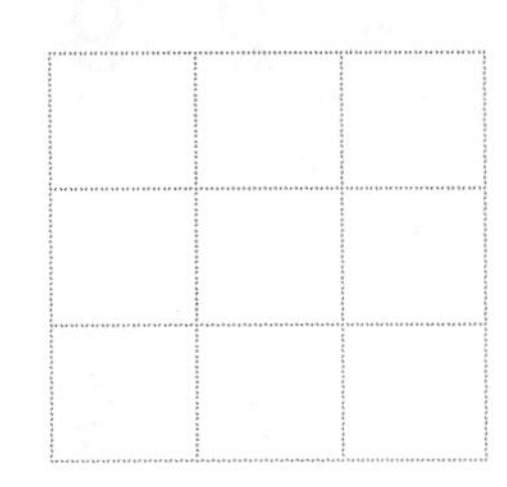

⑧ $43+78=$

⑨ $87-61=$

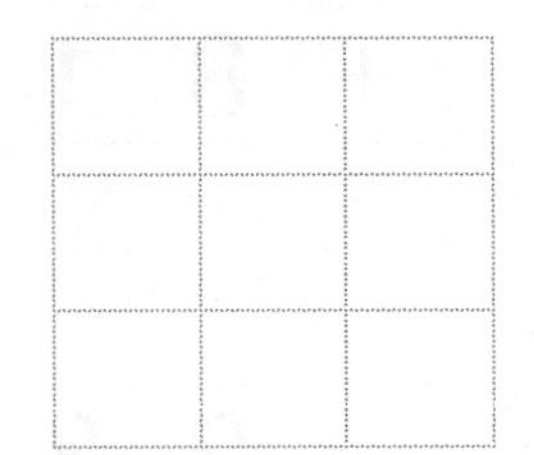

⑩ $32-19=$

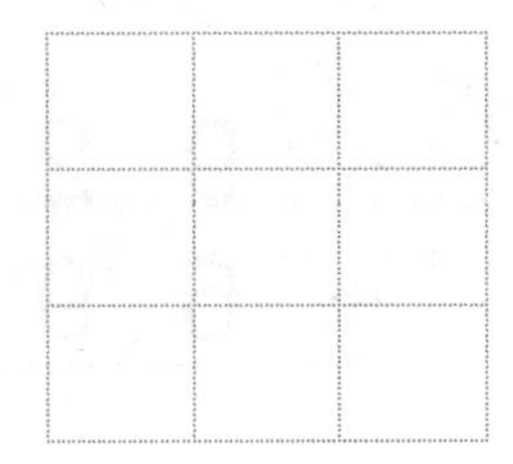

⑪ $98-33=$

⑫ $71-57=$

⑬ $63-57=$

⑭ $84-68=$

⑮ $40-21=$

⑯ $34-27=$

같은 수를 여러 번 더하기

▶ 학습계획 : 매일 공부할 날짜를 정하고, 계획에 맞게 공부하세요.

일차	1일차	2일차	3일차	4일차	5일차
날짜	/	/	/	/	/

▶ 학습연계 : 지금 무엇을 배우는지 확인하고, 이전에 배운 단계와 앞으로 배울 단계를 살펴보세요.

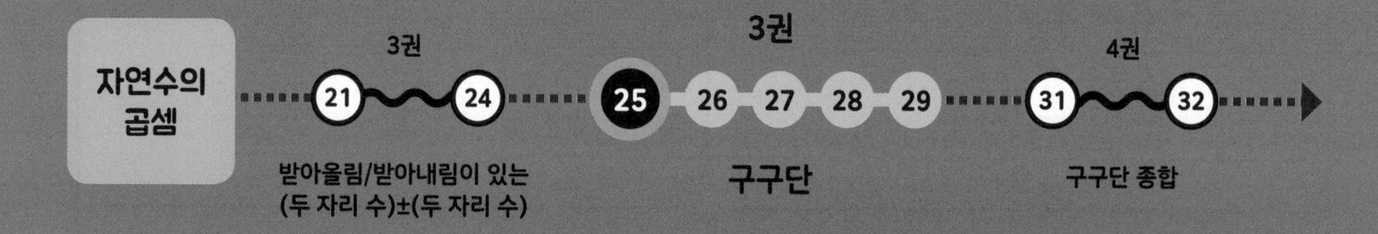

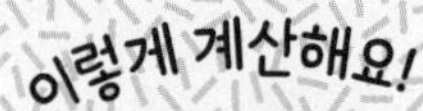

25 같은 수를 여러 번 더하기

덧셈을 곱셈으로!

2학년에서는 덧셈, 뺄셈이 아닌 새로운 계산 '곱셈'을 배워요.
같은 수를 여러 번 더하는 것을 간단히 줄여서 곱셈으로 나타내요.
따라서 곱셈에는 덧셈의 의미가 있습니다.

$5+5 \rightarrow 5\times2$

$5+5+5 \rightarrow 5\times3$

위 두 식에서 ×2는 5를 2번 더하기, ×3은 5를 3번 더하기를 뜻해요.
5×3은 '5 곱하기 3'이라고 읽습니다.

곱셈은 덧셈으로 바꾸어서 계산할 수 있어요.

곱셈은 같은 수를 여러 번 더했다는 뜻이므로 곱셈을 덧셈으로 바꾸어 계산할 수 있어요.
즉 '×4'는 '4번 더하기'이므로 7×4는 7을 4번 더하면 됩니다.

$7\times4 \rightarrow 7+7+7+7=28$

7을 4번 더하기

14
21
28

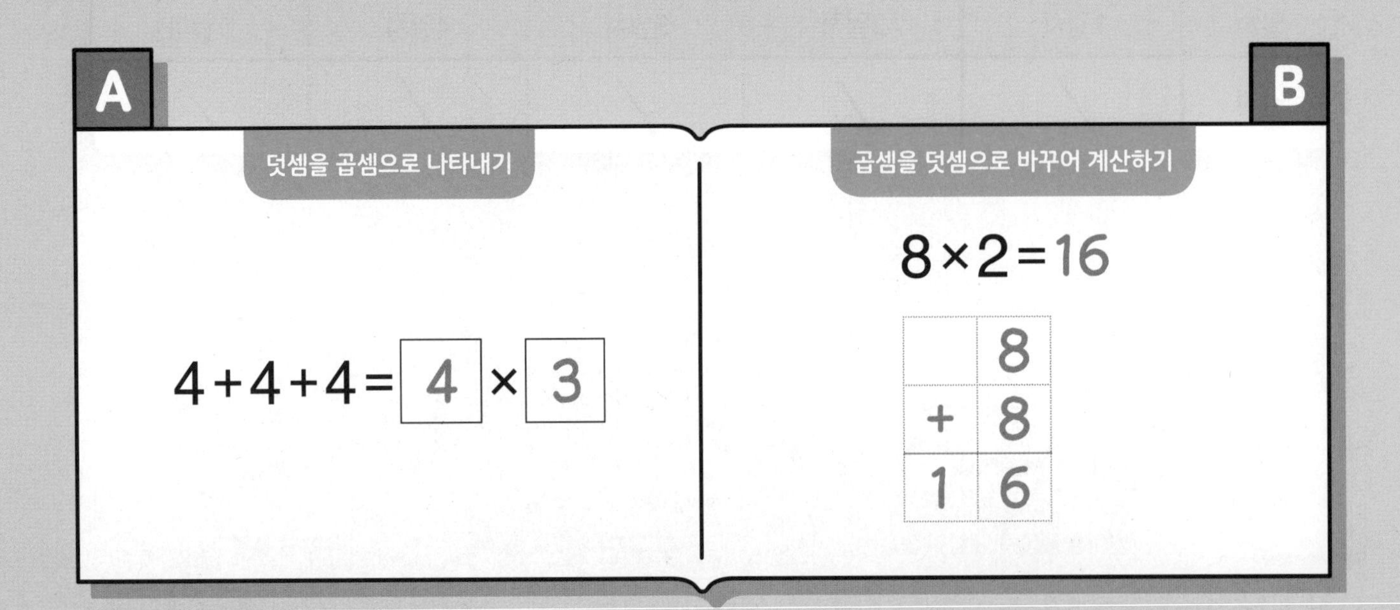

1 Day 같은 수를 여러 번 더하기

A

월 일 / 10

★ 덧셈을 곱셈으로 나타내세요.

① $3+3=\square\times\square$ (3을 2번 더하기)

② $7+7+7=\square\times\square$

③ $9+9+9+9=\square\times\square$

④ $2+2+2+2+2=\square\times\square$

⑤ $2+2+2+2+2+2=\square\times\square$

⑥ $7+7+7+7+7+7+7=\square\times\square$

⑦ $8+8+8+8+8+8+8+8=\square\times\square$

⑧ $6+6+6+6+6+6+6+6+6=\square\times\square$

⑨ $4+4+4+4+4+4+4+4+4=\square\times\square$

⑩ $5+5+5+5+5+5+5+5=\square\times\square$

같은 수를 여러 번 더하기

★ 덧셈을 이용하여 곱셈을 하세요.

① 2×3=

2를 3번 더하기

	2
	2
+	2

② 5×4=

③ 7×6=

④ 8×3=

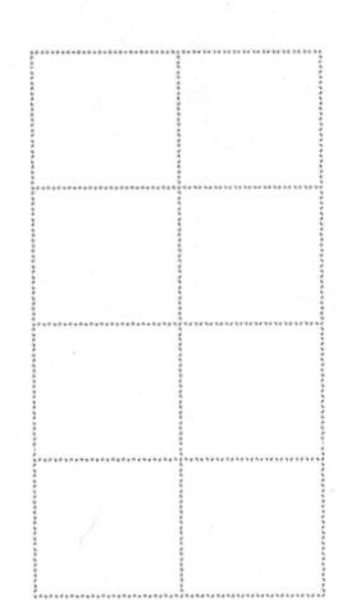

⑤ 2×4=

⑥ 3×6=

⑦ 5×3=

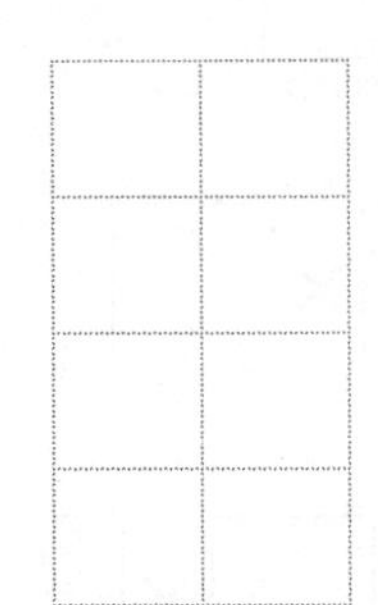

⑧ 9×4=

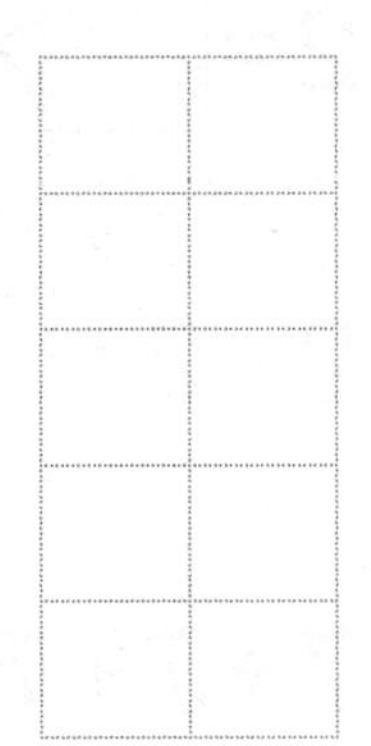

⑨ 6×6=

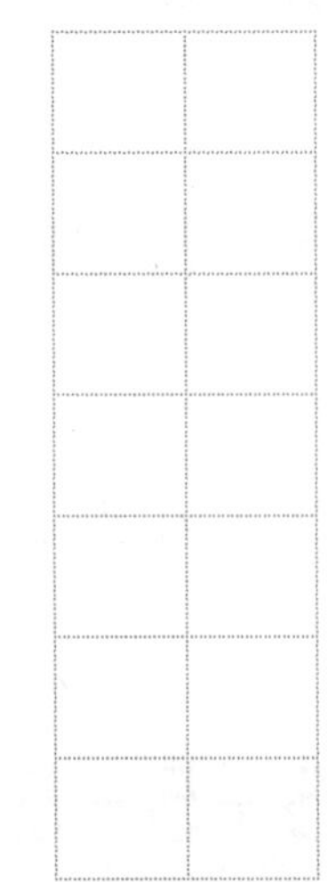

⑩ 4×3=

⑪ 3×4=

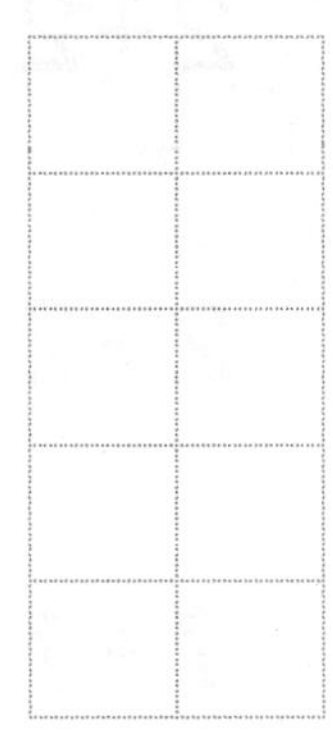

⑫ 8×6=

2 Day

같은 수를 여러 번 더하기

A

월 일 / 10

★ 덧셈을 곱셈으로 나타내세요.

① $7+7=\square\times\square$

7을 2번 더하기

② $9+9+9=\square\times\square$

③ $6+6+6+6=\square\times\square$

④ $8+8+8+8+8=\square\times\square$

⑤ $5+5+5+5+5+5=\square\times\square$

⑥ $2+2+2+2+2+2+2=\square\times\square$

⑦ $3+3+3+3+3+3+3+3=\square\times\square$

⑧ $9+9+9+9+9+9+9+9+9=\square\times\square$

⑨ $5+5+5+5+5+5+5+5+5=\square\times\square$

⑩ $4+4+4+4+4+4+4+4=\square\times\square$

2 Day 같은 수를 여러 번 더하기

B

월 일 / 12

★ 덧셈을 이용하여 곱셈을 하세요.

① $6 \times 2 =$

6을 2번 더하기

+

② $3 \times 5 =$

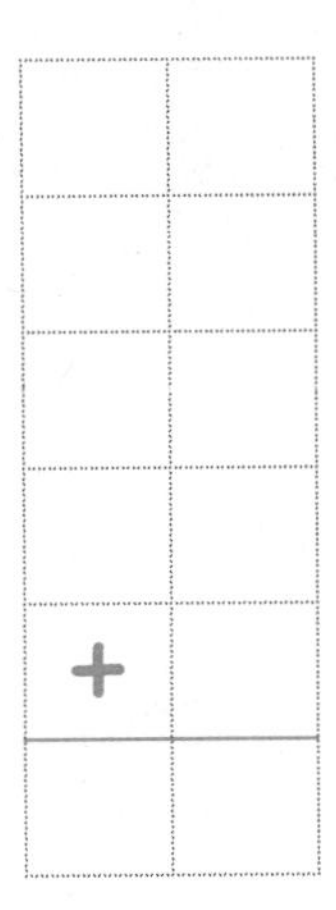

③ $7 \times 7 =$

④ $7 \times 2 =$

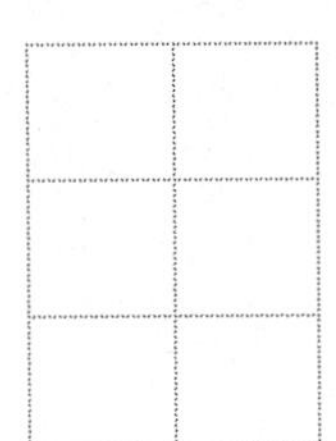

⑤ $4 \times 5 =$

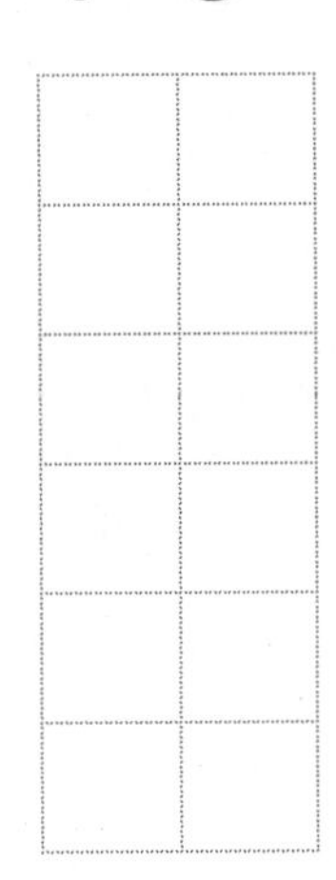

⑥ $2 \times 7 =$

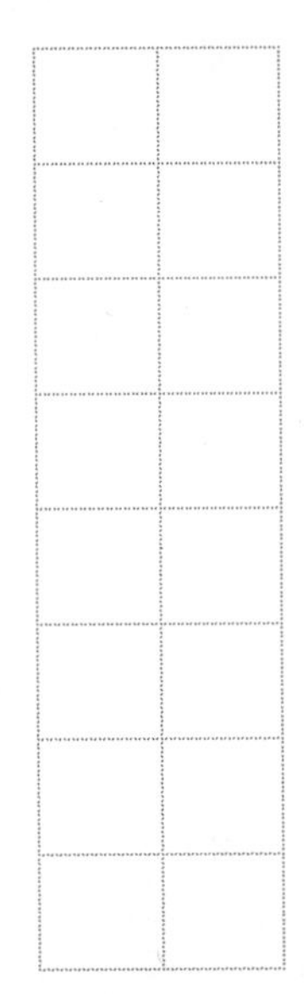

⑦ $5 \times 2 =$

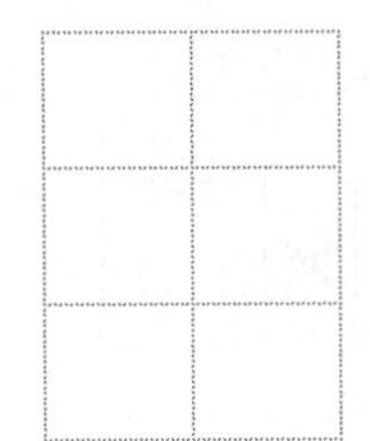

⑧ $6 \times 5 =$

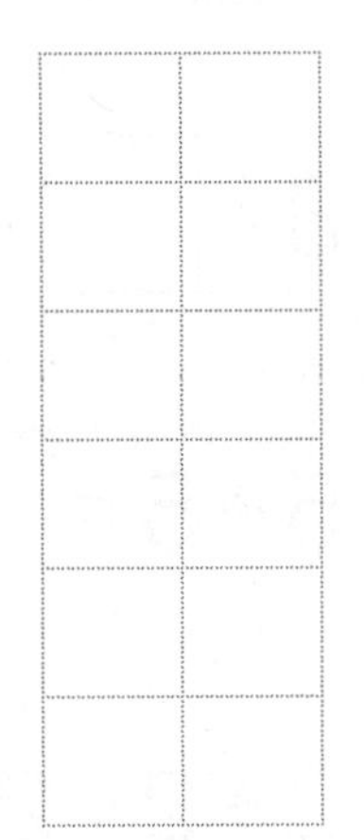

⑨ $3 \times 7 =$

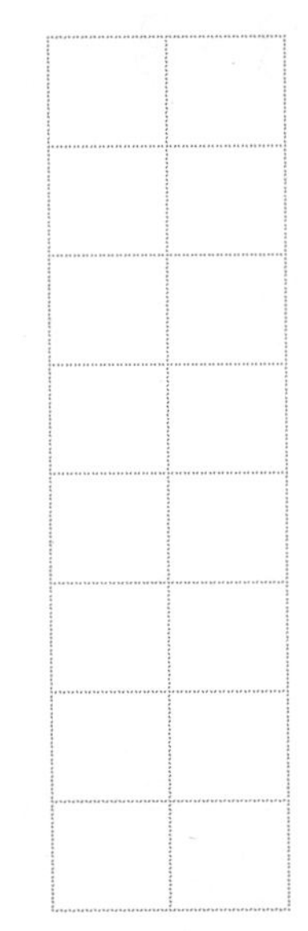

⑩ $8 \times 2 =$

⑪ $9 \times 5 =$

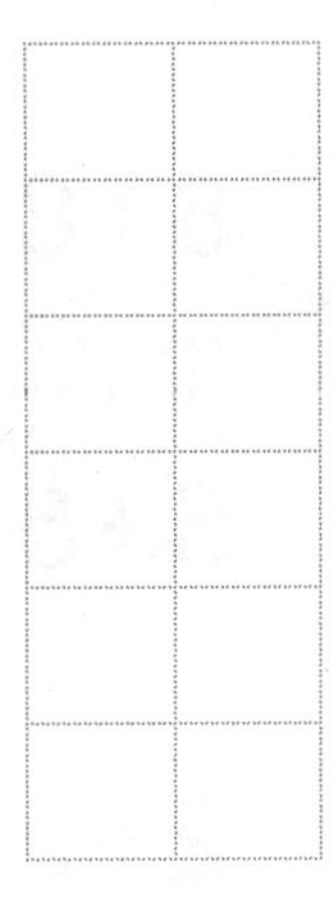

⑫ $4 \times 7 =$

3 Day 같은 수를 여러 번 더하기

★ 덧셈을 곱셈으로 나타내세요.

① $4+4=\square\times\square$

② $8+8+8=\square\times\square$

8을 3번 더하기

③ $7+7+7+7=\square\times\square$

④ $5+5+5+5+5=\square\times\square$

⑤ $3+3+3+3+3+3=\square\times\square$

⑥ $9+9+9+9+9+9+9=\square\times\square$

⑦ $6+6+6+6+6+6+6+6=\square\times\square$

⑧ $2+2+2+2+2+2+2+2+2=\square\times\square$

⑨ $7+7+7+7+7+7+7+7+7=\square\times\square$

⑩ $9+9+9+9+9+9+9+9=\square\times\square$

25단계

3 Day 같은 수를 여러 번 더하기 B

월 일 /8

★ 덧셈을 이용하여 곱셈을 하세요.

① $2\times8=$

2를 8번 더하기

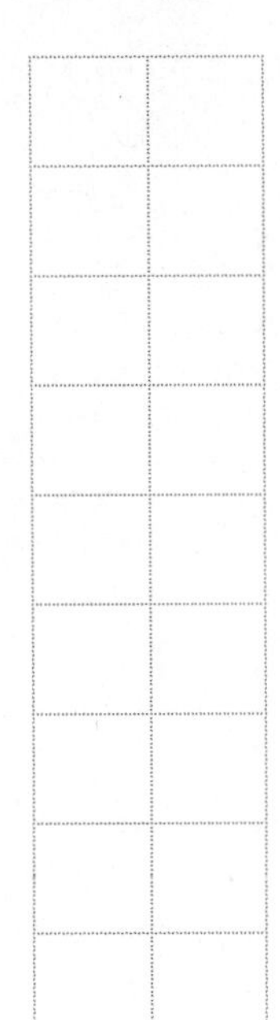

③ $4\times8=$

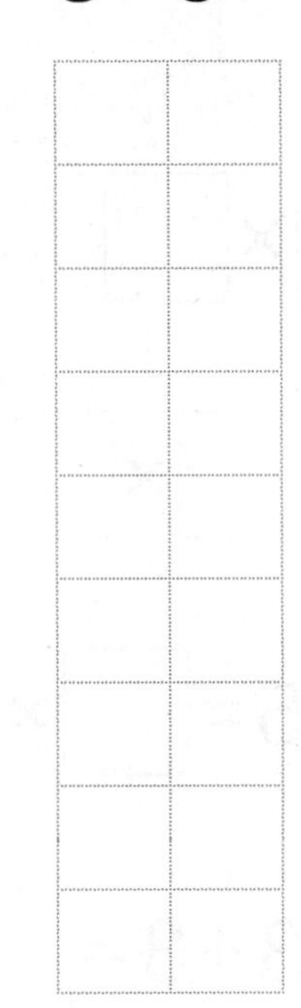

⑤ $3\times8=$

⑦ $6\times8=$

② $5\times9=$

④ $2\times9=$

⑥ $8\times9=$

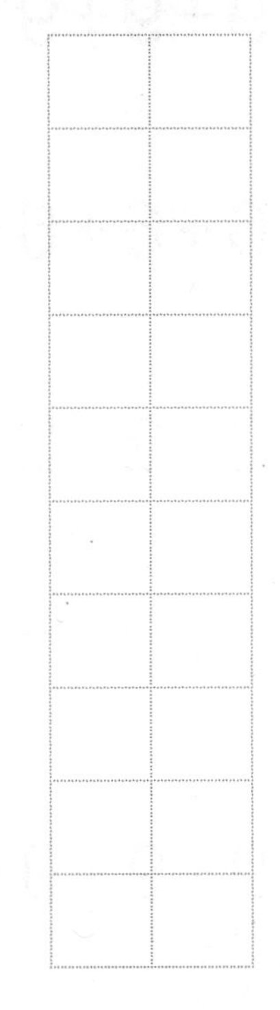

⑧ $7\times9=$

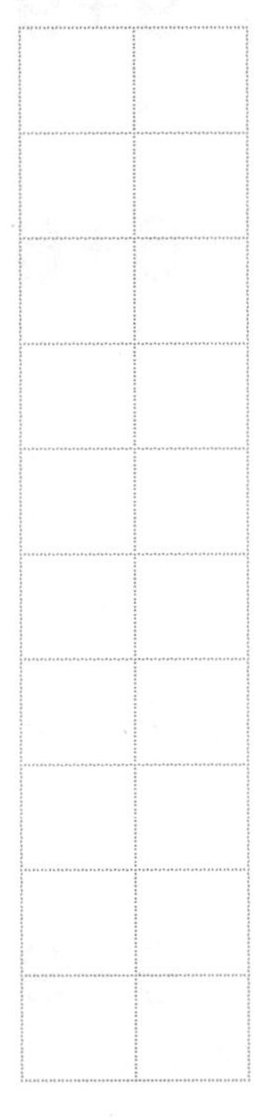

4 Day 같은 수를 여러 번 더하기

A

월 일 / 10

★ 덧셈을 곱셈으로 나타내세요.

① $9+9=\square\times\square$

9를 2번 더하기

② $2+2+2=\square\times\square$

③ $5+5+5+5=\square\times\square$

④ $4+4+4+4+4=\square\times\square$

⑤ $8+8+8+8+8+8=\square\times\square$

⑥ $3+3+3+3+3+3+3=\square\times\square$

⑦ $5+5+5+5+5+5+5+5=\square\times\square$

⑧ $8+8+8+8+8+8+8+8+8=\square\times\square$

⑨ $6+6+6+6+6+6+6+6+6=\square\times\square$

⑩ $7+7+7+7+7+7+7+7=\square\times\square$

같은 수를 여러 번 더하기

★ 덧셈을 이용하여 곱셈을 하세요.

① $9 \times 2 =$

9를 2번 더하기

② $7 \times 3 =$

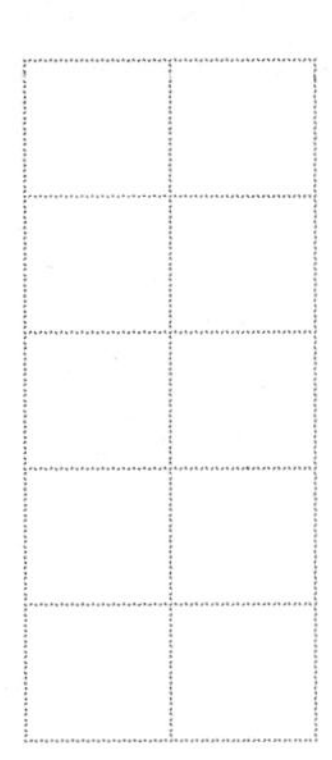

③ $5 \times 5 =$

④ $3 \times 2 =$

⑤ $6 \times 3 =$

⑥ $2 \times 5 =$

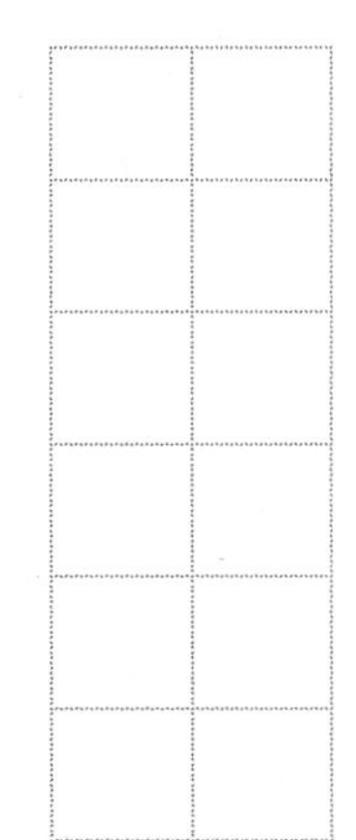

⑦ $2 \times 6 =$

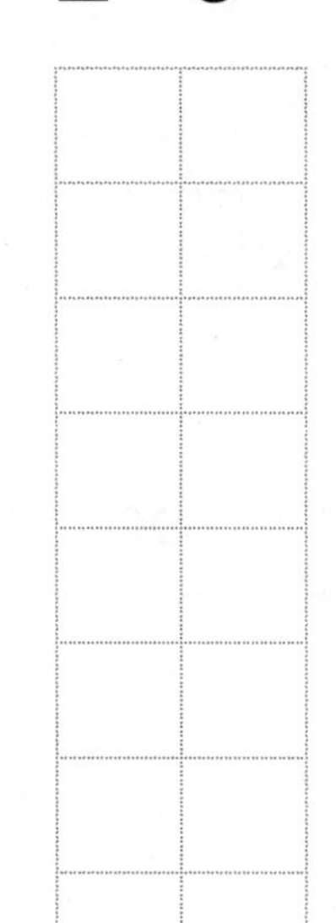

⑧ $8 \times 7 =$

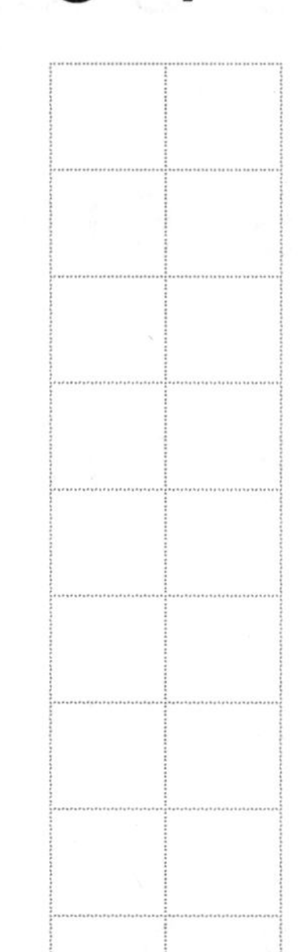

⑨ $9 \times 8 =$

⑩ $5 \times 8 =$

5 Day 같은 수를 여러 번 더하기

A

월 일 / 10

★ 덧셈을 곱셈으로 나타내세요.

① $5+5=\square\times\square$ (5를 / 2번 더하기)

② $6+6+6=\square\times\square$

③ $2+2+2+2=\square\times\square$

④ $9+9+9+9+9=\square\times\square$

⑤ $7+7+7+7+7+7=\square\times\square$

⑥ $5+5+5+5+5+5+5=\square\times\square$

⑦ $2+2+2+2+2+2+2+2=\square\times\square$

⑧ $4+4+4+4+4+4+4+4+4=\square\times\square$

⑨ $3+3+3+3+3+3+3+3+3=\square\times\square$

⑩ $8+8+8+8+8+8+8+8=\square\times\square$

25단계 5 Day

같은 수를 여러 번 더하기

B

월 일 / 10

★ 덧셈을 이용하여 곱셈을 하세요.

① $4\times2=$

4를 2번 더하기

② $8\times4=$

③ $9\times6=$

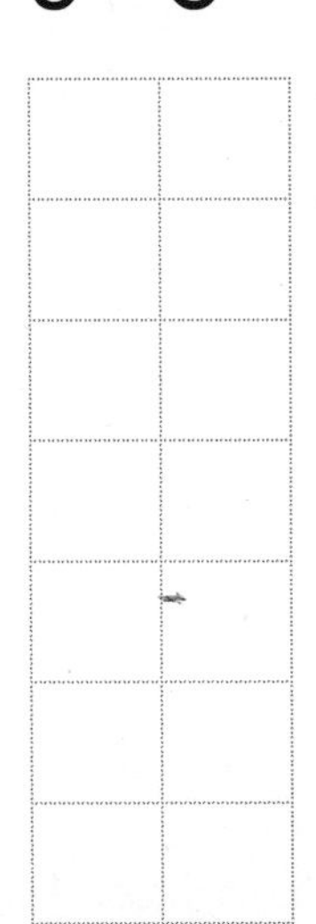

④ $2\times2=$

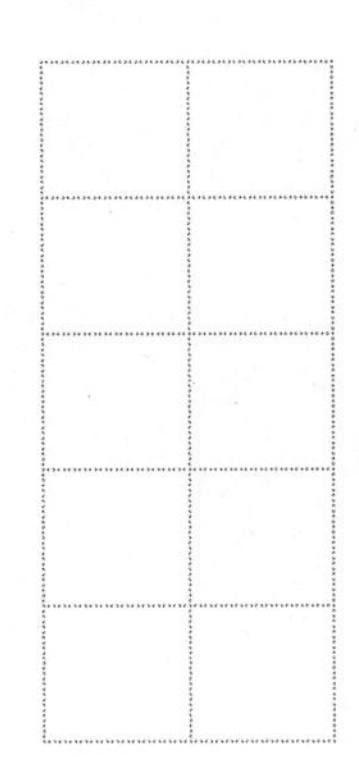

⑤ $7\times4=$

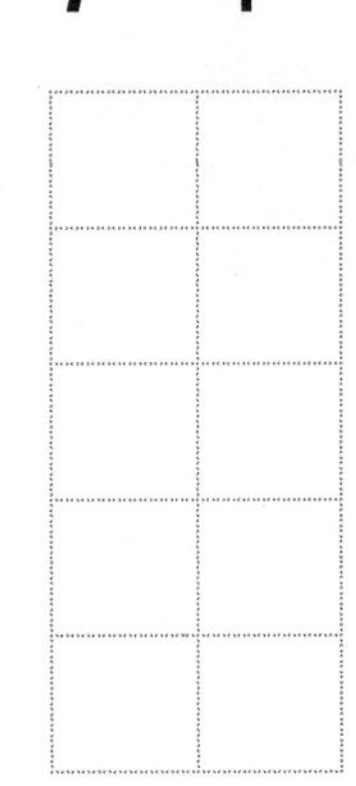

⑥ $5\times6=$

⑦ $5\times7=$

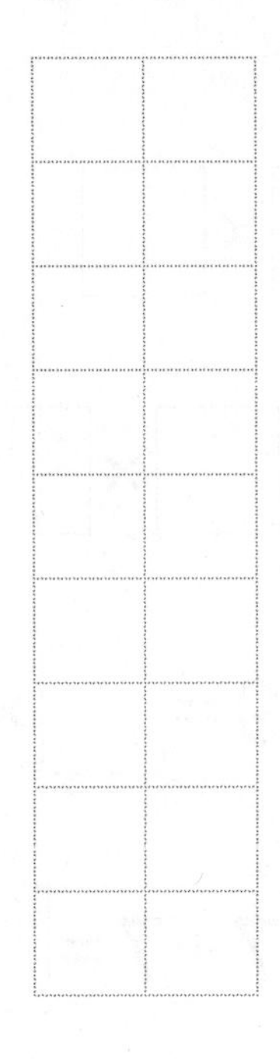

⑧ $7\times8=$

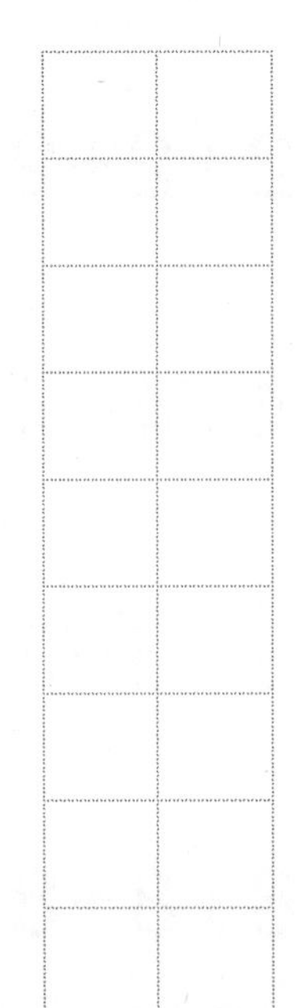

⑨ $8\times8=$

⑩ $6\times7=$

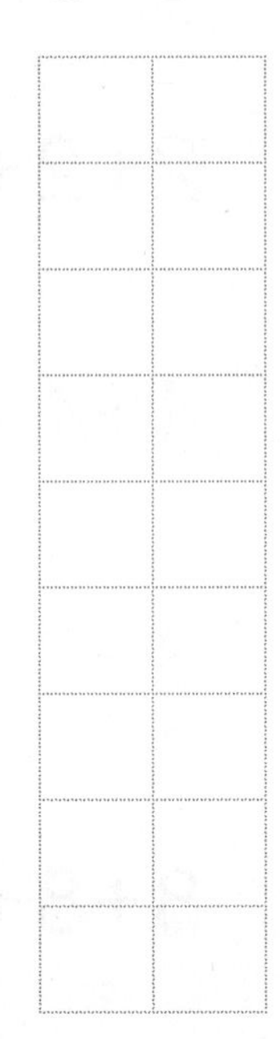

▶ 학습계획 : 매일 공부할 날짜를 정하고, 계획에 맞게 공부하세요.

일차	1일차	2일차	3일차	4일차	5일차
날짜	/	/	/	/	/

▶ 학습연계 : 지금 무엇을 배우는지 확인하고, 이전에 배운 단계와 앞으로 배울 단계를 살펴보세요.

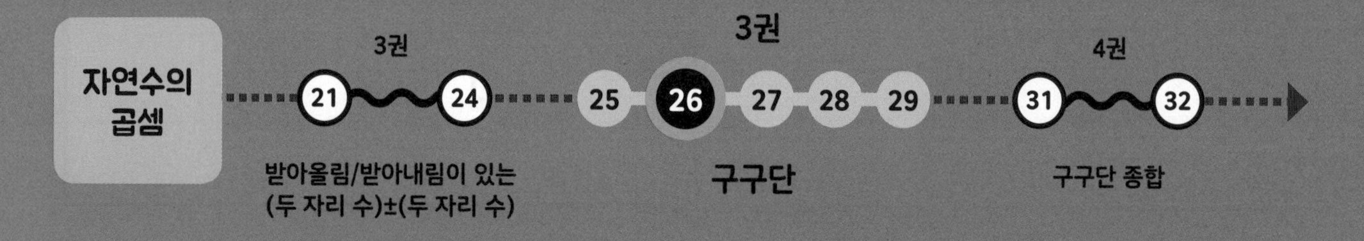

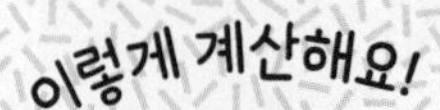

26 구구단 - 2, 5, 3, 4단 ❶

2단, 5단, 3단, 4단 외우기

구구단은 곱셈 중에서 (한 자리 수)×(한 자리 수)를 모아 놓은 것이에요.
2의 곱셈을 모아 놓은 것을 2단, 5의 곱셈을 모아 놓은 것을 5단이라고 불러요.
구구단은 2단부터 9단까지 있습니다.
이번 단계에서는 2단, 5단, 3단, 4단을 공부하기로 해요. 꼭 외우면서 문제를 푸세요!

2×8 → '2를 8번 더한다.'는 것을 기억하면서 외워야 효과적이에요.

2×8 → $2+2+2+2+2+2+2+2=16$

2단	5단	3단	4단
2×1= 2	5×1= 5	3×1= 3	4×1= 4
2×2= 4	5×2=10	3×2= 6	4×2= 8
2×3= 6	5×3=15	3×3= 9	4×3=12
2×4= 8	5×4=20	3×4=12	4×4=16
2×5=10	5×5=25	3×5=15	4×5=20
2×6=12	5×6=30	3×6=18	4×6=24
2×7=14	5×7=35	3×7=21	4×7=28
2×8=16	5×8=40	3×8=24	4×8=32
2×9=18	5×9=45	3×9=27	4×9=36

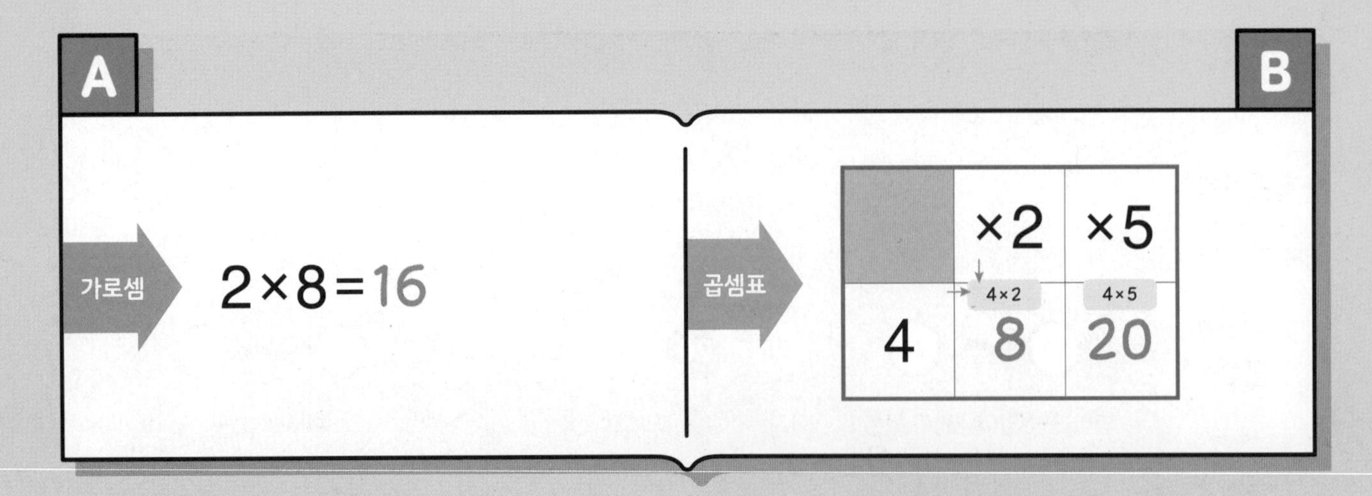

구구단 - 2, 5, 3, 4단 ❶

A

월 일 / 30

① $2\times2=$

② $4\times3=$

③ $2\times5=$

④ $4\times5=$

⑤ $5\times8=$

⑥ $2\times6=$

⑦ $5\times2=$

⑧ $3\times9=$

⑨ $2\times3=$

⑩ $5\times4=$

⑪ $3\times8=$

⑫ $5\times7=$

⑬ $4\times2=$

⑭ $2\times8=$

⑮ $4\times8=$

⑯ $5\times3=$

⑰ $5\times5=$

⑱ $3\times2=$

⑲ $2\times9=$

⑳ $2\times4=$

㉑ $3\times5=$

㉒ $4\times9=$

㉓ $3\times7=$

㉔ $4\times7=$

㉕ $5\times6=$

㉖ $3\times4=$

㉗ $4\times4=$

㉘ $2\times7=$

㉙ $3\times3=$

㉚ $4\times6=$

26단계

1 Day

구구단 - 2, 5, 3, 4단 ①

아래의 수에 위의 수를 곱하세요!	×4	×1	×5	×0	×2	×3
5	5×4					
4						
3						
2						
1						
0						

← 1×■=■

← 0×■=0

■×1=■
1을 곱하면
원래 수 그대로!

■×0=0
0을 곱하면
항상 0이에요.

26단계

Day

구구단 - 2, 5, 3, 4단 ①

A

월 일 / 30

① $4 \times 3 =$

② $3 \times 4 =$

③ $2 \times 2 =$

④ $2 \times 5 =$

⑤ $3 \times 3 =$

⑥ $2 \times 4 =$

⑦ $3 \times 9 =$

⑧ $5 \times 3 =$

⑨ $3 \times 7 =$

⑩ $4 \times 2 =$

⑪ $2 \times 8 =$

⑫ $4 \times 4 =$

⑬ $3 \times 6 =$

⑭ $2 \times 9 =$

⑮ $4 \times 5 =$

⑯ $4 \times 9 =$

⑰ $2 \times 7 =$

⑱ $4 \times 6 =$

⑲ $5 \times 9 =$

⑳ $2 \times 3 =$

㉑ $5 \times 6 =$

㉒ $3 \times 5 =$

㉓ $2 \times 6 =$

㉔ $4 \times 8 =$

㉕ $3 \times 2 =$

㉖ $5 \times 5 =$

㉗ $5 \times 4 =$

㉘ $4 \times 7 =$

㉙ $5 \times 7 =$

㉚ $3 \times 8 =$

26단계

2 Day

구구단 - 2, 5, 3, 4단 ❶

B

월 일 / 36

아래의 수에 위의 수를 곱하세요!	×2	×4	×3	×1	×0	×5
3	3×2					
5						
0						
4						
1						
2						

26단계

구구단 - 2, 5, 3, 4단 ❶

A

월 일 / 30

① $2 \times 8 =$

② $2 \times 2 =$

③ $5 \times 2 =$

④ $5 \times 7 =$

⑤ $4 \times 5 =$

⑥ $2 \times 3 =$

⑦ $5 \times 8 =$

⑧ $2 \times 5 =$

⑨ $3 \times 9 =$

⑩ $3 \times 8 =$

⑪ $4 \times 3 =$

⑫ $5 \times 4 =$

⑬ $4 \times 2 =$

⑭ $2 \times 6 =$

⑮ $5 \times 6 =$

⑯ $4 \times 8 =$

⑰ $5 \times 3 =$

⑱ $2 \times 1 =$

⑲ $5 \times 5 =$

⑳ $4 \times 9 =$

㉑ $3 \times 2 =$

㉒ $2 \times 4 =$

㉓ $5 \times 9 =$

㉔ $3 \times 5 =$

㉕ $4 \times 7 =$

㉖ $3 \times 7 =$

㉗ $3 \times 6 =$

㉘ $4 \times 6 =$

㉙ $4 \times 4 =$

㉚ $3 \times 4 =$

3 Day 구구단 - 2, 5, 3, 4단 ❶

아래의 수에 위의 수를 곱하세요!	×5	×0	×3	×4	×1	×2
4	4×5					
1						
3						
5						
2						
0						

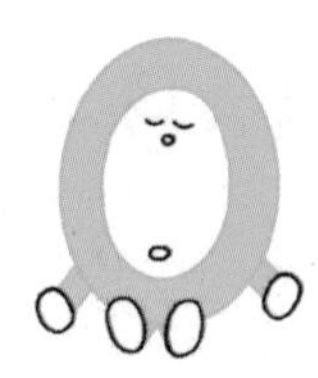

구구단 - 2, 5, 3, 4단 ❶

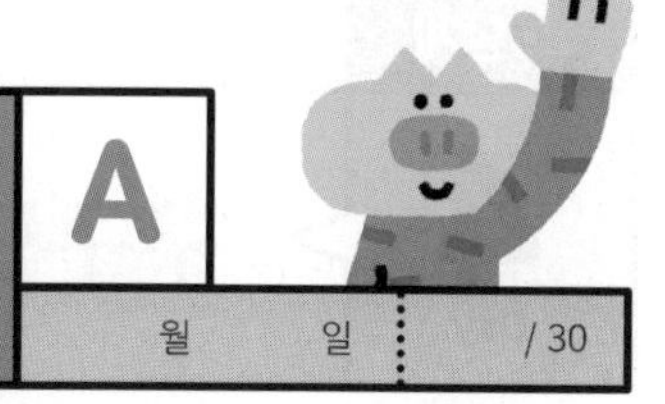

① $3\times6=$

② $2\times5=$

③ $4\times3=$

④ $2\times9=$

⑤ $5\times8=$

⑥ $3\times7=$

⑦ $2\times2=$

⑧ $3\times3=$

⑨ $2\times4=$

⑩ $3\times9=$

⑪ $3\times4=$

⑫ $4\times4=$

⑬ $4\times2=$

⑭ $2\times6=$

⑮ $2\times8=$

⑯ $2\times7=$

⑰ $5\times9=$

⑱ $4\times9=$

⑲ $4\times6=$

⑳ $2\times3=$

㉑ $5\times6=$

㉒ $3\times2=$

㉓ $5\times2=$

㉔ $5\times3=$

㉕ $3\times5=$

㉖ $4\times7=$

㉗ $4\times8=$

㉘ $3\times8=$

㉙ $5\times5=$

㉚ $4\times5=$

26단계

4 Day

구구단 - 2, 5, 3, 4단 ❶

아래의 수에 위의 수를 곱하세요!	×1	×5	×4	×0	×2	×3
3	3×1					
0						
5						
1						
4						
2						

5 Day 구구단 - 2, 5, 3, 4단 ①

A

월 일 / 30

① $5\times4=$

② $4\times2=$

③ $2\times2=$

④ $4\times3=$

⑤ $2\times5=$

⑥ $3\times9=$

⑦ $4\times5=$

⑧ $3\times8=$

⑨ $5\times8=$

⑩ $5\times7=$

⑪ $2\times6=$

⑫ $5\times2=$

⑬ $2\times3=$

⑭ $3\times6=$

⑮ $4\times4=$

⑯ $3\times7=$

⑰ $4\times8=$

⑱ $5\times3=$

⑲ $5\times5=$

⑳ $4\times7=$

㉑ $3\times2=$

㉒ $2\times9=$

㉓ $2\times4=$

㉔ $4\times9=$

㉕ $5\times9=$

㉖ $5\times6=$

㉗ $3\times4=$

㉘ $2\times7=$

㉙ $2\times8=$

㉚ $3\times3=$

5 Day 구구단 - 2, 5, 3, 4단 ❶

B

월 일 / 36

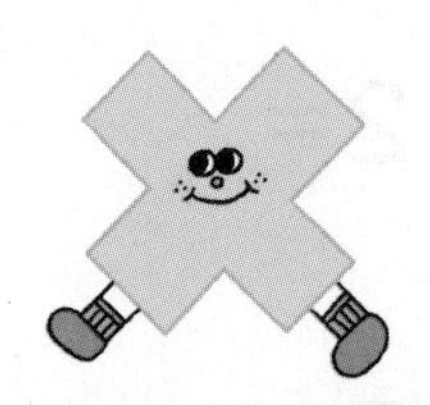

아래의 수에 위의 수를 곱하세요!	×3	×2	×4	×5	×1	×0
5	5×3					
0						
3						
1						
2						
4						

27 단계

구구단 - 2, 5, 3, 4단 ②

▶ 학습계획 : 매일 공부할 날짜를 정하고, 계획에 맞게 공부하세요.

일차	1일차	2일차	3일차	4일차	5일차
날짜	/	/	/	/	/

▶ 학습연계 : 지금 무엇을 배우는지 확인하고, 이전에 배운 단계와 앞으로 배울 단계를 살펴보세요.

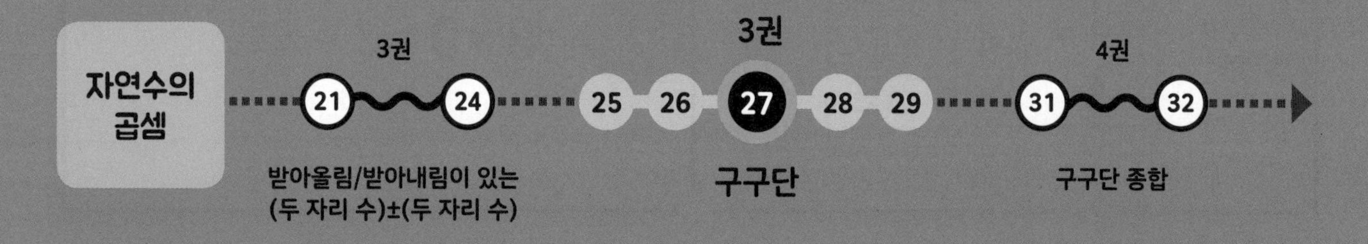

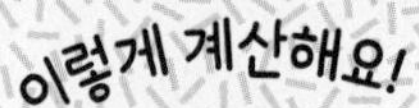

27 구구단 - 2, 5, 3, 4단 ❷

곱셈표에서 곱의 규칙을 찾아요.

2단, 5단, 3단, 4단을 외웠다면 곱셈표를 만들면서 곱이 어떤 규칙으로 변하는지 찾아보세요.
덧셈의 결과는 합, 뺄셈의 결과는 차라고 하는 것처럼 곱셈의 결과는 곱이라고 해요.
곱셈표에는 재미있는 규칙이 많이 숨어 있답니다.

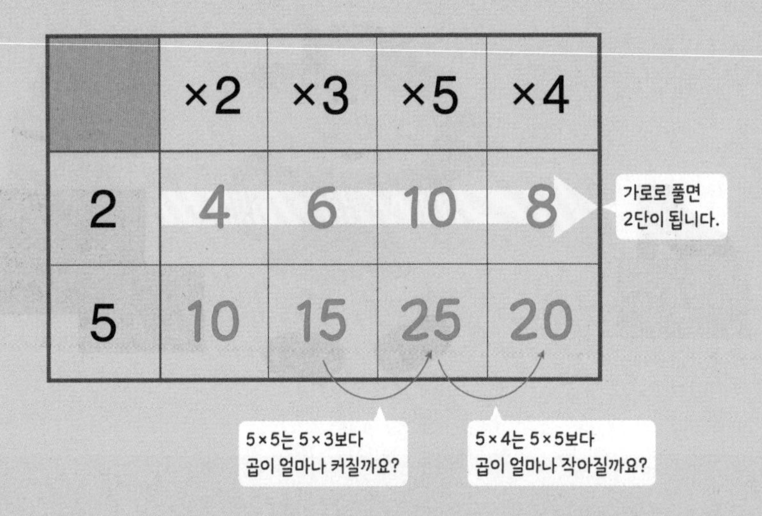

	×2	×3	×5	×4
2	4	6	10	8
5	10	15	25	20

→ '5×5'는 '5×3'보다 5를 두 번 더 더하기 때문에 곱이 10만큼 커져요.
'5×4'는 '5×5'보다 5를 한 번 덜 더하기 때문에 곱이 5만큼 작아집니다.

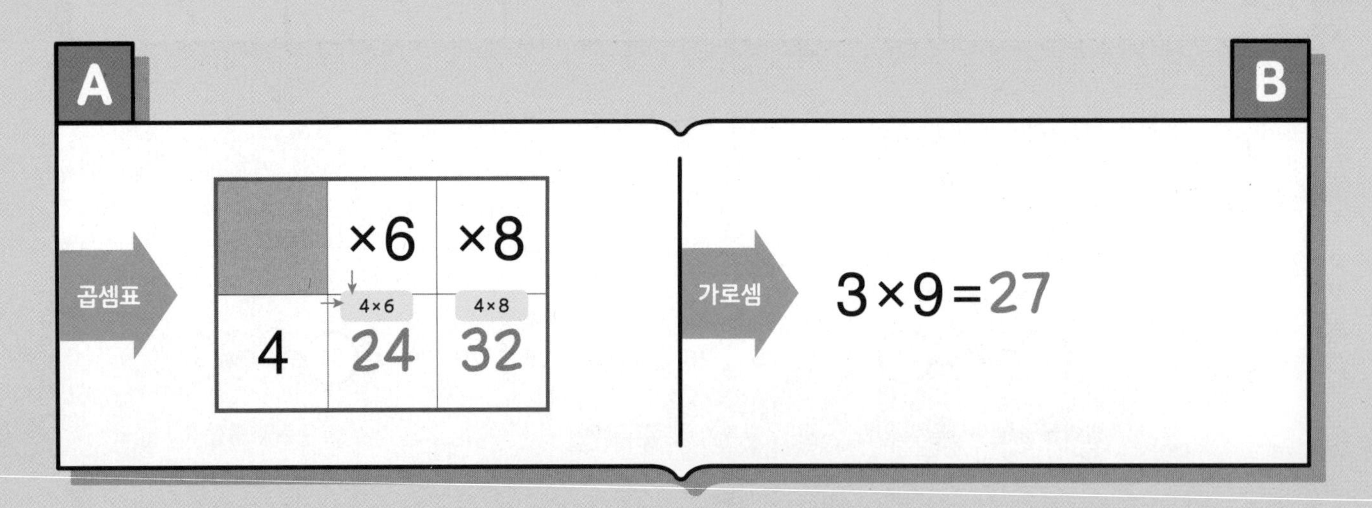

구구단 - 2, 5, 3, 4단 ❷

A

월 일 / 36

※ 문번호에 관계없이 하나의 식을 한 문제로 생각하여 각각 채점해 주세요.

①

아래의 수에 위의 수를 곱하세요!	×8	×6	×0	×9	×1	×7
3	3×8					
1						
5						

②

아래의 수에 위의 수를 곱하세요!	×5	×1	×4	×6	×8	×3
2	2×5					
0						
4						

27단계

1 Day

구구단 - 2, 5, 3, 4단 ❷

B

월 일 / 30

① $3\times3=$

② $2\times4=$

③ $4\times3=$

④ $4\times2=$

⑤ $3\times9=$

⑥ $5\times8=$

⑦ $2\times2=$

⑧ $2\times9=$

⑨ $2\times6=$

⑩ $3\times6=$

⑪ $3\times4=$

⑫ $2\times5=$

⑬ $2\times8=$

⑭ $3\times7=$

⑮ $4\times4=$

⑯ $2\times3=$

⑰ $4\times5=$

⑱ $4\times6=$

⑲ $4\times9=$

⑳ $2\times7=$

㉑ $5\times9=$

㉒ $3\times5=$

㉓ $4\times8=$

㉔ $4\times7=$

㉕ $3\times2=$

㉖ $5\times5=$

㉗ $5\times3=$

㉘ $3\times8=$

㉙ $5\times4=$

㉚ $5\times2=$

2 Day 구구단 - 2, 5, 3, 4단 ②

A

월 일 / 36

※ 문번호에 관계없이 하나의 식을 한 문제로 생각하여 각각 채점해 주세요.

①

아래의 수에 위의 수를 곱하세요!	×1	×8	×0	×7	×6	×9
1	1×1					
3						
5						

②

아래의 수에 위의 수를 곱하세요!	×2	×9	×5	×3	×1	×7
2	2×2					
0						
4						

27단계

2 Day

구구단 - 2, 5, 3, 4단 ❷

B

월 일 / 30

① $2\times3=$

② $4\times3=$

③ $2\times6=$

④ $2\times2=$

⑤ $5\times7=$

⑥ $4\times5=$

⑦ $5\times8=$

⑧ $5\times2=$

⑨ $3\times9=$

⑩ $5\times4=$

⑪ $2\times5=$

⑫ $2\times8=$

⑬ $3\times8=$

⑭ $4\times2=$

⑮ $4\times9=$

⑯ $2\times9=$

⑰ $4\times8=$

⑱ $5\times9=$

⑲ $5\times5=$

⑳ $3\times2=$

㉑ $2\times4=$

㉒ $5\times3=$

㉓ $3\times7=$

㉔ $3\times5=$

㉕ $5\times6=$

㉖ $4\times7=$

㉗ $3\times6=$

㉘ $3\times4=$

㉙ $3\times3=$

㉚ $2\times7=$

3 Day 구구단 - 2, 5, 3, 4단 ❷

A

월 일 / 36

※ 문번호에 관계없이 하나의 식을 한 문제로 생각하여 각각 채점해 주세요.

①

아래의 수에 위의 수를 곱하세요!	×9	×6	×1	×7	×8	×3
4	4×9					
0						
2						

②

아래의 수에 위의 수를 곱하세요!	×4	×8	×7	×0	×5	×2
5	5×4					
1						
3						

27단계

3 Day

구구단 - 2, 5, 3, 4단 ❷

B

월 일 / 30

① $2\times9=$

② $3\times7=$

③ $3\times6=$

④ $2\times5=$

⑤ $4\times2=$

⑥ $2\times2=$

⑦ $2\times4=$

⑧ $5\times8=$

⑨ $3\times3=$

⑩ $3\times9=$

⑪ $4\times3=$

⑫ $3\times4=$

⑬ $4\times4=$

⑭ $2\times8=$

⑮ $2\times6=$

⑯ $5\times9=$

⑰ $2\times7=$

⑱ $4\times9=$

⑲ $5\times3=$

⑳ $4\times6=$

㉑ $4\times5=$

㉒ $2\times3=$

㉓ $4\times7=$

㉔ $5\times2=$

㉕ $5\times7=$

㉖ $3\times5=$

㉗ $3\times2=$

㉘ $4\times8=$

㉙ $5\times5=$

㉚ $3\times8=$

27단계

구구단 - 2, 5, 3, 4단 ❷

A

월 일 / 36

※ 문번호에 관계없이 하나의 식을 한 문제로 생각하여 각각 채점해 주세요.

①

아래의 수에 위의 수를 곱하세요!	×8	×0	×1	×7	×9	×6
5	5×8					
1						
2						

②

아래의 수에 위의 수를 곱하세요!	×3	×6	×4	×2	×5	×8
0	0×3					
3						
4						

27단계

4 Day

구구단 - 2, 5, 3, 4단 ❷

B

월 일 / 30

① $2\times3=$

② $2\times5=$

③ $4\times5=$

④ $5\times8=$

⑤ $4\times3=$

⑥ $3\times9=$

⑦ $3\times8=$

⑧ $5\times7=$

⑨ $5\times1=$

⑩ $4\times2=$

⑪ $2\times6=$

⑫ $5\times2=$

⑬ $4\times9=$

⑭ $2\times2=$

⑮ $2\times8=$

⑯ $5\times3=$

⑰ $5\times5=$

⑱ $5\times9=$

⑲ $3\times2=$

⑳ $2\times9=$

㉑ $4\times7=$

㉒ $3\times5=$

㉓ $3\times7=$

㉔ $2\times4=$

㉕ $5\times6=$

㉖ $4\times8=$

㉗ $3\times6=$

㉘ $3\times3=$

㉙ $2\times7=$

㉚ $5\times4=$

5 Day 구구단 - 2, 5, 3, 4단 ❷

A

월 일 / 36

※ 문번호에 관계없이 하나의 식을 한 문제로 생각하여 각각 채점해 주세요.

①

아래의 수에 위의 수를 곱하세요!	×9	×8	×6	×1	×2	×7
0	0×9					
5						
2						

②

아래의 수에 위의 수를 곱하세요!	×7	×4	×0	×5	×9	×3
1	1×7					
4						
3						

27단계

5 Day

구구단 - 2, 5, 3, 4단 ❷

B

월 일 / 30

① $3\times4=$

② $2\times4=$

③ $5\times8=$

④ $4\times4=$

⑤ $2\times5=$

⑥ $4\times3=$

⑦ $3\times3=$

⑧ $3\times9=$

⑨ $2\times9=$

⑩ $3\times7=$

⑪ $4\times2=$

⑫ $2\times6=$

⑬ $2\times8=$

⑭ $3\times6=$

⑮ $4\times9=$

⑯ $4\times5=$

⑰ $2\times7=$

⑱ $4\times6=$

⑲ $5\times9=$

⑳ $2\times3=$

㉑ $3\times5=$

㉒ $4\times7=$

㉓ $5\times6=$

㉔ $3\times2=$

㉕ $5\times2=$

㉖ $5\times3=$

㉗ $4\times8=$

㉘ $5\times5=$

㉙ $5\times7=$

㉚ $3\times8=$

▶ 학습계획 : 매일 공부할 날짜를 정하고, 계획에 맞게 공부하세요.

일차	1일차	2일차	3일차	4일차	5일차
날짜	/	/	/	/	/

▶ 학습연계 : 지금 무엇을 배우는지 확인하고, 이전에 배운 단계와 앞으로 배울 단계를 살펴보세요.

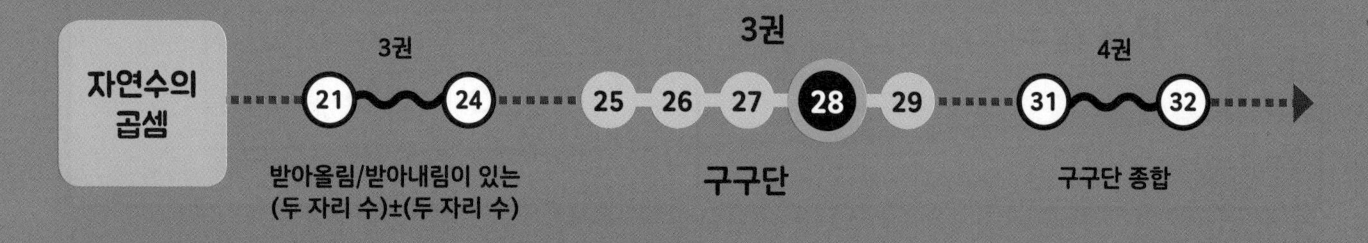

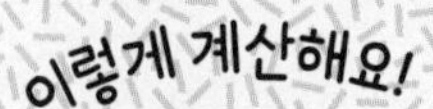

28 구구단 - 6, 7, 8, 9단 ❶

6단, 7단, 8단, 9단 외우기

구구단은 곱셈 중에서 (한 자리 수)×(한 자리 수)를 모아서 외우는 것이에요.
이번 단계에서는 6단, 7단, 8단, 9단을 공부하기로 해요.
수가 커져서 어렵겠지만, 꼭 외우면서 문제를 풀어요.

7×5 ➜ '7을 5번 더한다.'는 것을 기억하면서 외워야 효과적이에요.

7×5 ➜ 7+7+7+7+7=35

6단	7단	8단	9단
6×1= 6	7×1= 7	8×1= 8	9×1= 9
6×2=12	7×2=14	8×2=16	9×2=18
6×3=18	7×3=21	8×3=24	9×3=27
6×4=24	7×4=28	8×4=32	9×4=36
6×5=30	7×5=35	8×5=40	9×5=45
6×6=36	7×6=42	8×6=48	9×6=54
6×7=42	7×7=49	8×7=56	9×7=63
6×8=48	7×8=56	8×8=64	9×8=72
6×9=54	7×9=63	8×9=72	9×9=81

1 Day

구구단 - 6, 7, 8, 9단 ❶

A

월 일 / 30

① $9\times4=$

② $8\times7=$

③ $7\times5=$

④ $6\times7=$

⑤ $7\times7=$

⑥ $9\times9=$

⑦ $7\times8=$

⑧ $6\times5=$

⑨ $6\times9=$

⑩ $7\times3=$

⑪ $9\times2=$

⑫ $6\times3=$

⑬ $6\times4=$

⑭ $8\times2=$

⑮ $6\times8=$

⑯ $7\times2=$

⑰ $8\times3=$

⑱ $6\times6=$

⑲ $7\times6=$

⑳ $7\times9=$

㉑ $8\times8=$

㉒ $8\times6=$

㉓ $9\times7=$

㉔ $9\times5=$

㉕ $8\times9=$

㉖ $6\times2=$

㉗ $8\times5=$

㉘ $9\times3=$

㉙ $7\times4=$

㉚ $9\times6=$

28단계

1 Day

구구단 - 6, 7, 8, 9단 ❶

B

월 일 / 36

아래의 수에 위의 수를 곱하세요!	×1	×4	×2	×0	×3	×5
8	8×1					
6						
1						
0						
7						
9						

0을 곱하면 항상 0이야.

28단계

2 Day 구구단 - 6, 7, 8, 9단 ❶

A

월 일 / 30

① $6\times2=$	⑪ $9\times4=$	㉑ $9\times8=$
② $7\times8=$	⑫ $8\times7=$	㉒ $6\times4=$
③ $7\times6=$	⑬ $9\times5=$	㉓ $7\times2=$
④ $8\times5=$	⑭ $8\times9=$	㉔ $6\times9=$
⑤ $9\times6=$	⑮ $7\times7=$	㉕ $7\times3=$
⑥ $9\times2=$	⑯ $8\times2=$	㉖ $8\times1=$
⑦ $9\times7=$	⑰ $9\times3=$	㉗ $7\times5=$
⑧ $6\times6=$	⑱ $7\times4=$	㉘ $6\times8=$
⑨ $8\times8=$	⑲ $8\times4=$	㉙ $6\times3=$
⑩ $8\times6=$	⑳ $8\times3=$	㉚ $7\times9=$

2 Day 구구단 - 6, 7, 8, 9단 ①

B

월 일 / 36

아래의 수에 위의 수를 곱하세요!	×2	×1	×5	×0	×3	×4
6	6×2					
9						
1						
7						
0						
8						

3 Day 구구단 - 6, 7, 8, 9단 ①

A

월 일 / 30

① 7×5=

② 6×7=

③ 9×4=

④ 8×7=

⑤ 7×7=

⑥ 7×8=

⑦ 6×5=

⑧ 7×2=

⑨ 8×2=

⑩ 6×3=

⑪ 7×3=

⑫ 6×9=

⑬ 9×2=

⑭ 6×8=

⑮ 6×4=

⑯ 8×3=

⑰ 6×6=

⑱ 8×4=

⑲ 7×6=

⑳ 9×8=

㉑ 7×9=

㉒ 7×4=

㉓ 8×6=

㉔ 9×7=

㉕ 9×9=

㉖ 8×9=

㉗ 9×3=

㉘ 8×8=

㉙ 8×5=

㉚ 9×6=

28단계

3 Day

구구단 - 6, 7, 8, 9단 ①

B

월 일 / 36

아래의 수에 위의 수를 곱하세요!	×5	×0	×3	×2	×1	×4
9	9×5					
8						
1						
6						
7						
0						

4 Day

구구단 - 6, 7, 8, 9단 ❶

A

월 일 / 30

① $7\times6=$

② $8\times5=$

③ $6\times7=$

④ $7\times8=$

⑤ $6\times2=$

⑥ $9\times6=$

⑦ $9\times9=$

⑧ $8\times3=$

⑨ $9\times2=$

⑩ $6\times6=$

⑪ $9\times8=$

⑫ $8\times8=$

⑬ $7\times5=$

⑭ $8\times2=$

⑮ $8\times6=$

⑯ $9\times4=$

⑰ $8\times7=$

⑱ $9\times7=$

⑲ $8\times4=$

⑳ $9\times5=$

㉑ $7\times7=$

㉒ $9\times3=$

㉓ $8\times9=$

㉔ $7\times4=$

㉕ $6\times4=$

㉖ $6\times9=$

㉗ $7\times3=$

㉘ $7\times9=$

㉙ $6\times8=$

㉚ $6\times5=$

28단계 4 Day 구구단 - 6, 7, 8, 9단 ①

아래의 수에 위의 수를 곱하세요!	×4	×0	×3	×5	×2	×1
8	8 × 4					
1						
9						
6						
0						
7						

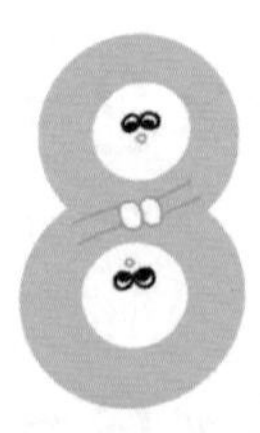

구구단 - 6, 7, 8, 9단 ❶

① $7 \times 8 =$

② $6 \times 5 =$

③ $8 \times 7 =$

④ $6 \times 7 =$

⑤ $9 \times 9 =$

⑥ $9 \times 4 =$

⑦ $7 \times 7 =$

⑧ $6 \times 8 =$

⑨ $8 \times 3 =$

⑩ $6 \times 9 =$

⑪ $6 \times 6 =$

⑫ $7 \times 5 =$

⑬ $9 \times 2 =$

⑭ $6 \times 3 =$

⑮ $7 \times 2 =$

⑯ $8 \times 6 =$

⑰ $8 \times 2 =$

⑱ $6 \times 4 =$

⑲ $8 \times 5 =$

⑳ $8 \times 4 =$

㉑ $7 \times 6 =$

㉒ $9 \times 8 =$

㉓ $9 \times 6 =$

㉔ $7 \times 9 =$

㉕ $9 \times 5 =$

㉖ $8 \times 8 =$

㉗ $8 \times 9 =$

㉘ $9 \times 3 =$

㉙ $6 \times 2 =$

㉚ $7 \times 3 =$

28단계

5 Day

구구단 - 6, 7, 8, 9단 ❶

B

월 일 / 36

아래의 수에 위의 수를 곱하세요!	×1	×4	×0	×2	×5	×3
9	9×1					
8						
1						
0						
7						
6						

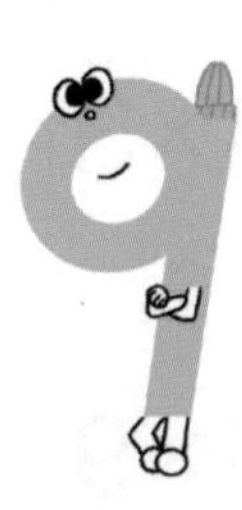

▶ 학습계획 : 매일 공부할 날짜를 정하고, 계획에 맞게 공부하세요.

일차	1일차	2일차	3일차	4일차	5일차
날짜	/	/	/	/	/

▶ 학습연계 : 지금 무엇을 배우는지 확인하고, 이전에 배운 단계와 앞으로 배울 단계를 살펴보세요.

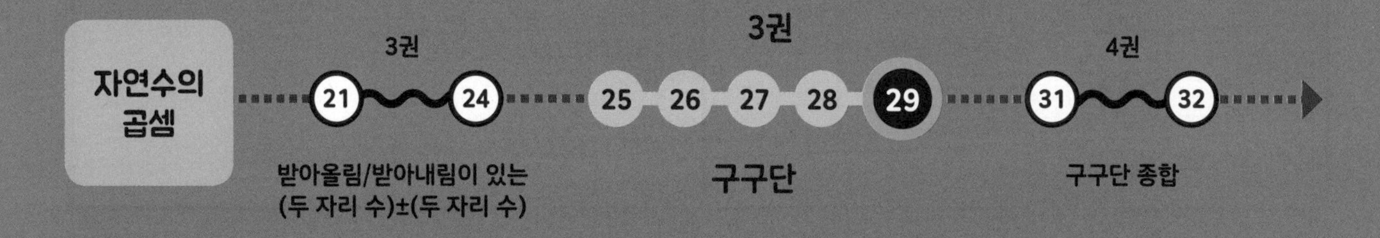

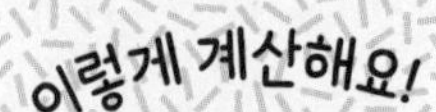

29 구구단 - 6, 7, 8, 9단 ❷

곱셈표에서 곱의 규칙을 찾아요.

6단, 7단, 8단, 9단을 외웠다면 곱셈표를 만들면서 곱이 어떤 규칙으로 변하는지 찾아보세요.
곱셈표에는 재미있는 규칙이 많이 숨어 있답니다.

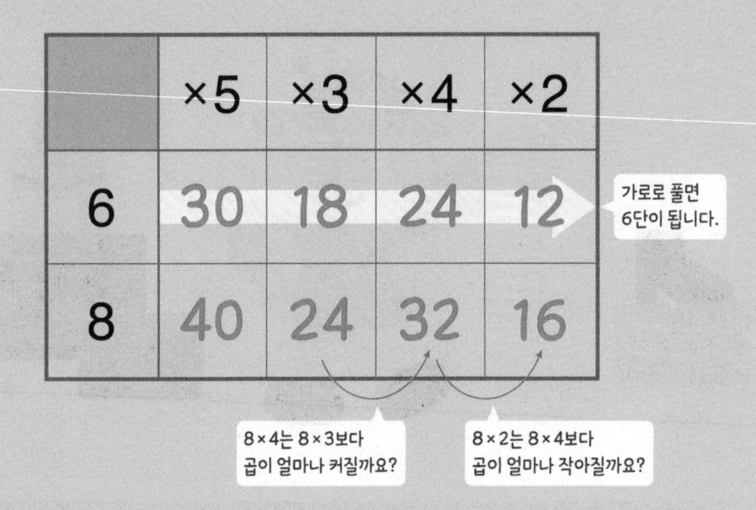

	×5	×3	×4	×2
6	30	18	24	12
8	40	24	32	16

→ '8×4'는 '8×3'보다 8을 한 번 더 더하기 때문에 곱이 8만큼 커져요.
'8×2'는 '8×4'보다 8을 두 번 덜 더하기 때문에 곱이 16만큼 작아집니다.

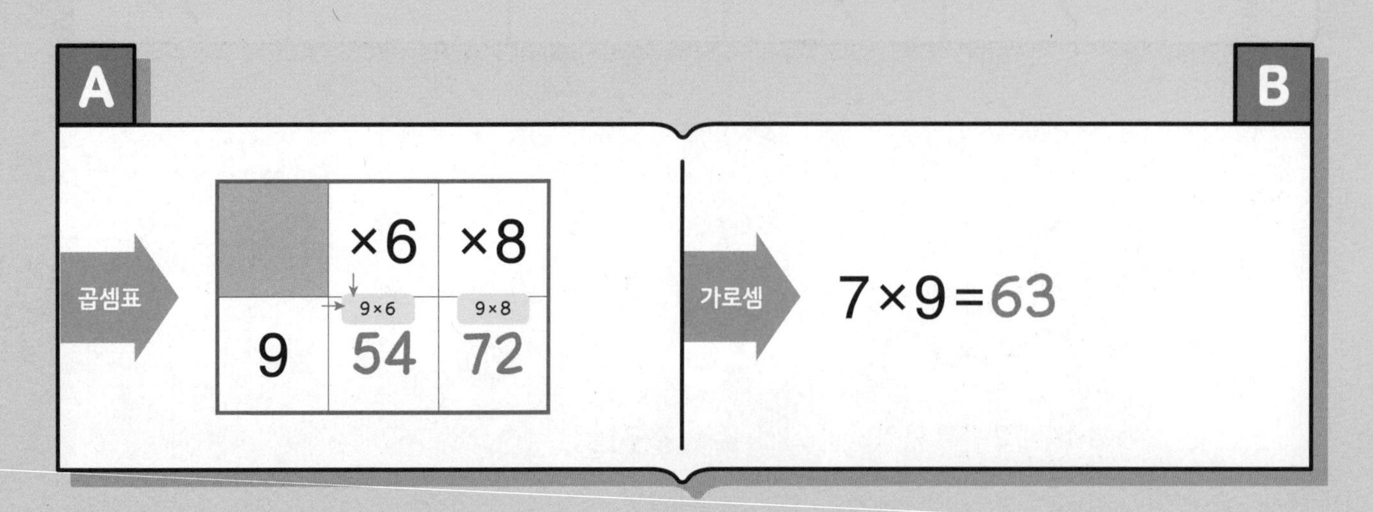

구구단 - 6, 7, 8, 9단 ❷

A

월 일 / 36

※ 문번호에 관계없이 하나의 식을 한 문제로 생각하여 각각 채점해 주세요.

①

아래의 수에 위의 수를 곱하세요!	×9	×6	×8	×1	×7	×3
8	8×9					
0						
7						

②

아래의 수에 위의 수를 곱하세요!	×2	×5	×7	×9	×0	×4
1	1×2					
6						
9						

29단계

1 Day

구구단 - 6, 7, 8, 9단 ❷

B

월 일 / 30

① $8\times5=$

② $9\times6=$

③ $6\times7=$

④ $7\times6=$

⑤ $7\times8=$

⑥ $6\times2=$

⑦ $8\times6=$

⑧ $8\times2=$

⑨ $9\times4=$

⑩ $9\times2=$

⑪ $9\times3=$

⑫ $8\times7=$

⑬ $8\times8=$

⑭ $9\times8=$

⑮ $9\times5=$

⑯ $8\times9=$

⑰ $8\times3=$

⑱ $9\times7=$

⑲ $7\times7=$

⑳ $6\times6=$

㉑ $7\times4=$

㉒ $6\times4=$

㉓ $7\times9=$

㉔ $7\times2=$

㉕ $7\times3=$

㉖ $7\times5=$

㉗ $6\times5=$

㉘ $6\times8=$

㉙ $6\times3=$

㉚ $6\times9=$

2 Day 구구단 - 6, 7, 8, 9단 ❷

A

월 일 / 36

※ 문번호에 관계없이 하나의 식을 한 문제로 생각하여 각각 채점해 주세요.

①

아래의 수에 위의 수를 곱하세요!	×1	×8	×6	×0	×7	×9
6	6×1					
9						
0						

②

아래의 수에 위의 수를 곱하세요!	×9	×3	×0	×5	×2	×7
8	8×9					
7						
1						

29단계

2 Day

구구단 - 6, 7, 8, 9단 ❷

B

월 일 / 30

① $6 \times 7 =$

② $8 \times 7 =$

③ $7 \times 5 =$

④ $9 \times 9 =$

⑤ $9 \times 2 =$

⑥ $7 \times 7 =$

⑦ $9 \times 4 =$

⑧ $6 \times 5 =$

⑨ $6 \times 3 =$

⑩ $7 \times 8 =$

⑪ $6 \times 9 =$

⑫ $8 \times 2 =$

⑬ $7 \times 2 =$

⑭ $8 \times 3 =$

⑮ $6 \times 4 =$

⑯ $7 \times 3 =$

⑰ $6 \times 6 =$

⑱ $6 \times 8 =$

⑲ $8 \times 9 =$

⑳ $8 \times 8 =$

㉑ $7 \times 6 =$

㉒ $9 \times 7 =$

㉓ $7 \times 4 =$

㉔ $9 \times 6 =$

㉕ $8 \times 6 =$

㉖ $8 \times 4 =$

㉗ $9 \times 5 =$

㉘ $8 \times 5 =$

㉙ $7 \times 9 =$

㉚ $9 \times 3 =$

3 Day 구구단 - 6, 7, 8, 9단 ❷

A

월 일 / 36

※ 문번호에 관계없이 하나의 식을 한 문제로 생각하여 각각 채점해 주세요.

①

아래의 수에 위의 수를 곱하세요!	×7	×8	×6	×1	×9	×0
0	0×7					
7						
8						

②

아래의 수에 위의 수를 곱하세요!	×4	×6	×5	×3	×1	×8
9	9×4					
6						
1						

29단계

3 Day

구구단 - 6, 7, 8, 9단 ❷

B

월 일 / 30

① $8 \times 5 =$

② $7 \times 6 =$

③ $8 \times 9 =$

④ $7 \times 8 =$

⑤ $9 \times 9 =$

⑥ $6 \times 2 =$

⑦ $9 \times 6 =$

⑧ $9 \times 8 =$

⑨ $6 \times 7 =$

⑩ $8 \times 2 =$

⑪ $6 \times 6 =$

⑫ $9 \times 3 =$

⑬ $8 \times 8 =$

⑭ $8 \times 6 =$

⑮ $8 \times 7 =$

⑯ $9 \times 2 =$

⑰ $9 \times 7 =$

⑱ $9 \times 5 =$

⑲ $8 \times 4 =$

⑳ $7 \times 7 =$

㉑ $7 \times 4 =$

㉒ $8 \times 3 =$

㉓ $6 \times 4 =$

㉔ $7 \times 9 =$

㉕ $6 \times 9 =$

㉖ $9 \times 4 =$

㉗ $7 \times 3 =$

㉘ $7 \times 5 =$

㉙ $7 \times 2 =$

㉚ $6 \times 8 =$

4 Day 구구단 - 6, 7, 8, 9단 ②

월 일 / 36

※ 문번호에 관계없이 하나의 식을 한 문제로 생각하여 각각 채점해 주세요.

①

아래의 수에 위의 수를 곱하세요!	×8	×2	×0	×7	×6	×9
9	9×8					
1						
6						

②

아래의 수에 위의 수를 곱하세요!	×5	×4	×8	×6	×1	×3
0	0×5					
8						
7						

4 Day 구구단 - 6, 7, 8, 9단 ❷

B

월 일 / 30

① $7 \times 8 =$

② $7 \times 5 =$

③ $6 \times 7 =$

④ $7 \times 7 =$

⑤ $9 \times 4 =$

⑥ $6 \times 5 =$

⑦ $9 \times 9 =$

⑧ $8 \times 7 =$

⑨ $8 \times 3 =$

⑩ $6 \times 3 =$

⑪ $6 \times 4 =$

⑫ $7 \times 3 =$

⑬ $8 \times 2 =$

⑭ $6 \times 6 =$

⑮ $6 \times 8 =$

⑯ $7 \times 2 =$

⑰ $6 \times 9 =$

⑱ $9 \times 2 =$

⑲ $7 \times 9 =$

⑳ $7 \times 6 =$

㉑ $9 \times 7 =$

㉒ $8 \times 9 =$

㉓ $8 \times 6 =$

㉔ $6 \times 2 =$

㉕ $9 \times 5 =$

㉖ $9 \times 8 =$

㉗ $9 \times 3 =$

㉘ $7 \times 4 =$

㉙ $8 \times 4 =$

㉚ $9 \times 6 =$

구구단 - 6, 7, 8, 9단 ②

A

월 일 / 36

※ 문번호에 관계없이 하나의 식을 한 문제로 생각하여 각각 채점해 주세요.

①

아래의 수에 위의 수를 곱하세요!	×6	×1	×7	×9	×4	×8
8	8×6					
0						
1						

②

아래의 수에 위의 수를 곱하세요!	×8	×0	×9	×5	×2	×7
6	6×8					
9						
7						

29단계

5 Day

구구단 - 6, 7, 8, 9단 ❷

B

월 일 / 30

① $8 \times 7 =$

② $6 \times 2 =$

③ $8 \times 5 =$

④ $9 \times 9 =$

⑤ $7 \times 6 =$

⑥ $6 \times 7 =$

⑦ $9 \times 6 =$

⑧ $9 \times 5 =$

⑨ $7 \times 7 =$

⑩ $8 \times 2 =$

⑪ $9 \times 7 =$

⑫ $6 \times 4 =$

⑬ $8 \times 8 =$

⑭ $9 \times 4 =$

⑮ $8 \times 4 =$

⑯ $6 \times 6 =$

⑰ $9 \times 2 =$

⑱ $8 \times 6 =$

⑲ $7 \times 8 =$

⑳ $8 \times 9 =$

㉑ $9 \times 3 =$

㉒ $9 \times 8 =$

㉓ $7 \times 4 =$

㉔ $8 \times 3 =$

㉕ $6 \times 8 =$

㉖ $6 \times 3 =$

㉗ $7 \times 2 =$

㉘ $7 \times 3 =$

㉙ $6 \times 9 =$

㉚ $6 \times 5 =$

2학년 방정식

2권에서 배운 1학년 방정식과 똑같아요. 수가 더 커진 것만 달라졌어요.
덧셈식과 뺄셈식에서 수가 커지면 직관적으로 □를 구하는 것이 어렵기 때문에 덧셈과 뺄셈의 관계를 이용하여 식을 바꿀 수 있어야 합니다.
수직선으로 전체와 부분의 관계를 눈으로 확인하면서 문제를 풀어요.
이 방법을 잘 익혀 두면 초등학교 6년 내내 □가 있는 덧셈식, 뺄셈식 문제를 쉽게 풀 수 있답니다.

일차	학습 내용		날짜
1일차	□가 있는 덧셈식	40 + □ = 60에서 □ = ?	/
2일차	□가 있는 덧셈식	□ + 30 = 90에서 □ = ?	/
3일차	□가 있는 뺄셈식	50 - □ = 20에서 □ = ?	/
4일차	□가 있는 뺄셈식	□ - 30 = 10에서 □ = ?	/
5일차	□가 있는 덧셈식, 뺄셈식의 활용		/

이렇게 계산해요!

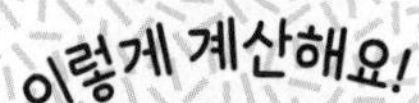

30 2학년 방정식

수직선 안에 식이 숨어 있어요.

수직선에는 4개의 식이 숨어 있어요. 모두 찾아볼까요?

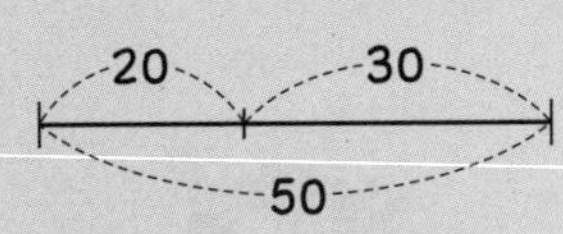

20과 30을 더하면 50(전체) → 20+30=50

30과 20을 더하면 50(전체) → 30+20=50

50(전체)에서 20을 빼면 30 → 50−20=30

50(전체)에서 30을 빼면 20 → 50−30=20

수직선을 이용하면 전체와 부분의 관계를 한눈에 파악해서 쉽게 식을 만들 수 있어요.

수직선만 그리면 □를 구하는 식을 만들 수 있어요.

덧셈식 '27+□=45'에서 □를 구하려면 먼저 수직선으로 나타내세요.
그 다음에 □를 구할 수 있는 식으로 바꾸는 거예요.

27+□=45 →

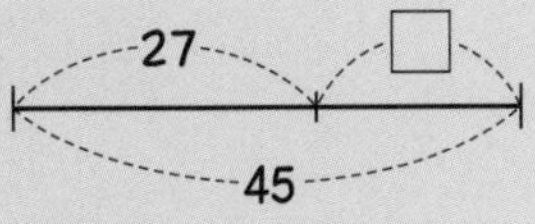

→ □=45−27 → □=18

전체 45에서 27을 빼면 □가 돼.
이제 이것을 식으로 나타내면 되지!

□−42=26 →

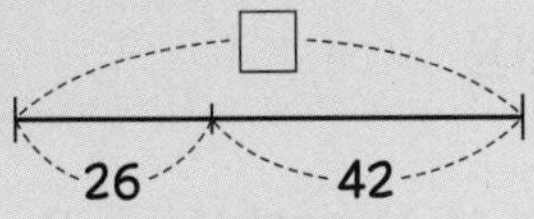

→ □=26+42 → □=68

□에서 42를 빼면 26!
26과 42의 합이 전체 □가 되지.

39+□=63 ➡ □= 63-39 ➡ □= 24

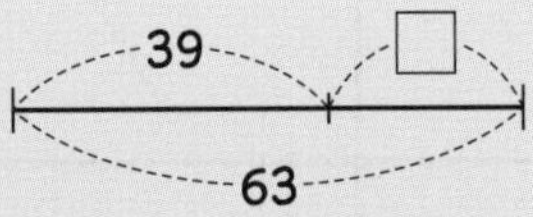

A

월 일 / 5

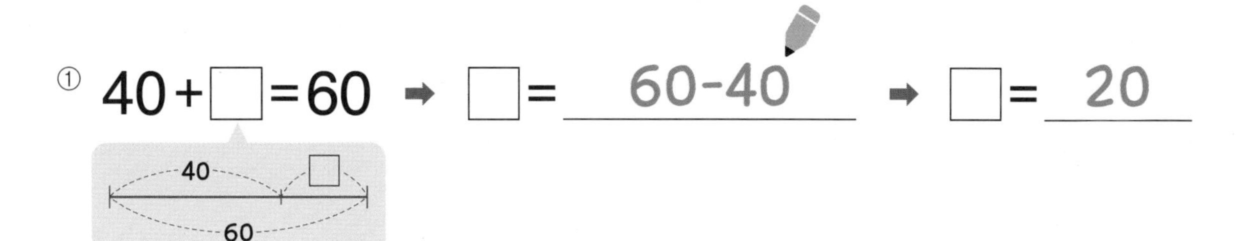

② 32+□=76 ➡ □=______ ➡ □=______

32, □, 76

③ 14+□=50 ➡ □=______ ➡ □=______

14, □, 50

④ 27+□=44 ➡ □=______ ➡ □=______

27, □, 44

⑤ 19+□=92 ➡ □=______ ➡ □=______

19, □, 92

30단계

2학년 방정식

B

월 일 / 10

① $20+\square=87$ ◀ $\square=87-20$

➡ $\square=$ ______

② $76+\square=99$

➡ $\square=$ ______

③ $67+\square=75$

➡ $\square=$ ______

④ $36+\square=51$

➡ $\square=$ ______

⑤ $12+\square=30$

➡ $\square=$ ______

⑥ $51+\square=91$

➡ $\square=$ ______

⑦ $37+\square=98$

➡ $\square=$ ______

⑧ $28+\square=76$

➡ $\square=$ ______

⑨ $16+\square=73$

➡ $\square=$ ______

⑩ $29+\square=58$

➡ $\square=$ ______

2학년 방정식

A

월 일 / 5

① □ + 30 = 90 ➡ □ = 90-30 ➡ □ = 60

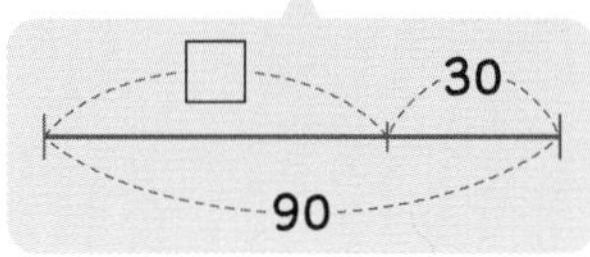

② □ + 39 = 66 ➡ □ = ______ ➡ □ = ______

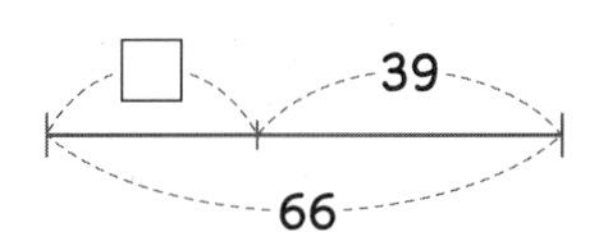

③ □ + 14 = 57 ➡ □ = ______ ➡ □ = ______

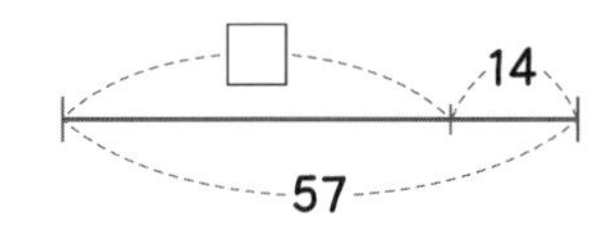

④ □ + 28 = 78 ➡ □ = ______ ➡ □ = ______

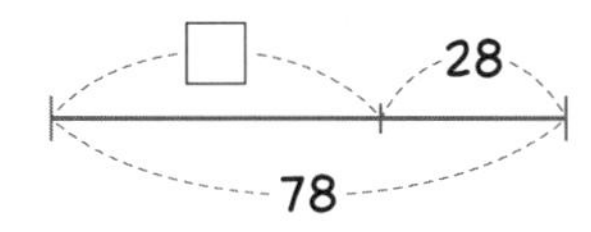

⑤ □ + 46 = 62 ➡ □ = ______ ➡ □ = ______

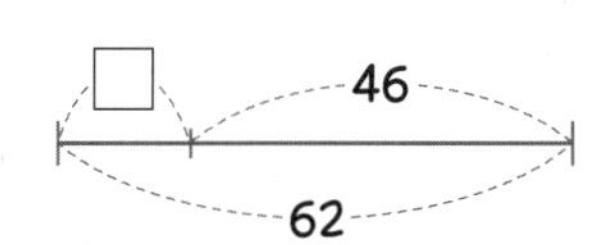

2 Day 2학년 방정식 B

월 일 / 10

① $\square + 77 = 88$ ($\square = 88 - 77$)

➡ $\square =$ ______

⑥ $\square + 31 = 36$

➡ $\square =$ ______

② $\square + 13 = 69$

➡ $\square =$ ______

⑦ $\square + 68 = 99$

➡ $\square =$ ______

③ $\square + 51 = 90$

➡ $\square =$ ______

⑧ $\square + 19 = 85$

➡ $\square =$ ______

④ $\square + 75 = 82$

➡ $\square =$ ______

⑨ $\square + 59 = 72$

➡ $\square =$ ______

⑤ $\square + 28 = 43$

➡ $\square =$ ______

⑩ $\square + 43 = 91$

➡ $\square =$ ______

30단계

2학년 방정식

① $50-\square=20$ ➡ $\square=$ 50-20 ➡ $\square=$ 30

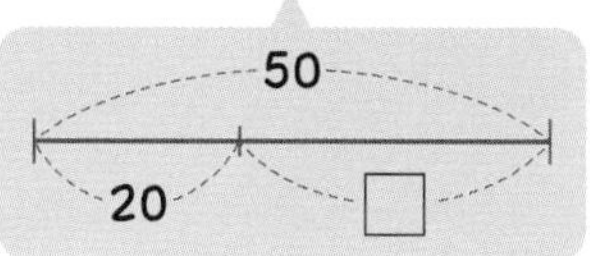

② $70-\square=22$ ➡ $\square=$ ______ ➡ $\square=$ ______

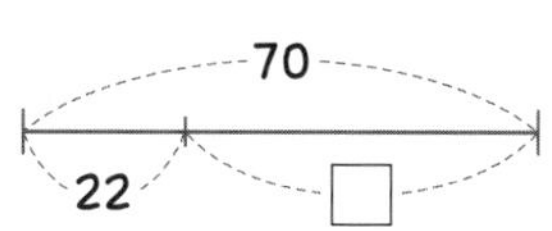

③ $81-\square=36$ ➡ $\square=$ ______ ➡ $\square=$ ______

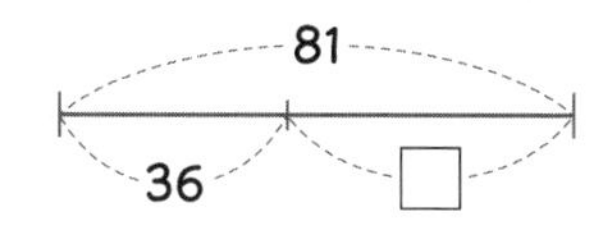

④ $34-\square=25$ ➡ $\square=$ ______ ➡ $\square=$ ______

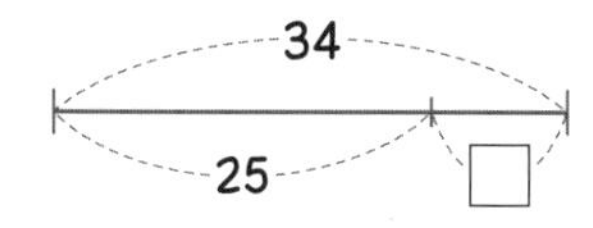

⑤ $97-\square=70$ ➡ $\square=$ ______ ➡ $\square=$ ______

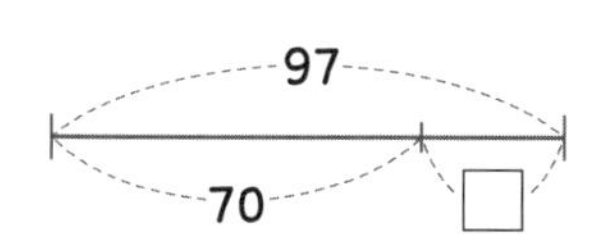

2학년 방정식

B

월 일 / 10

① $79-\square=67$ $\square=79-67$

➡ $\square=$ ______

② $49-\square=28$

➡ $\square=$ ______

③ $90-\square=13$

➡ $\square=$ ______

④ $31-\square=12$

➡ $\square=$ ______

⑤ $63-\square=47$

➡ $\square=$ ______

⑥ $57-\square=20$

➡ $\square=$ ______

⑦ $85-\square=55$

➡ $\square=$ ______

⑧ $73-\square=34$

➡ $\square=$ ______

⑨ $71-\square=67$

➡ $\square=$ ______

⑩ $92-\square=35$

➡ $\square=$ ______

2학년 방정식

A

월 일 / 5

① $\square - 30 = 10$ ➡ $\square =$ 10 + 30 (또는 30 + 10) ➡ $\square =$ 40

□ — 10, 30

② $\square - 52 = 17$ ➡ $\square =$ ______ ➡ $\square =$ ______

□ — 17, 52

③ $\square - 15 = 67$ ➡ $\square =$ ______ ➡ $\square =$ ______

□ — 67, 15

④ $\square - 28 = 48$ ➡ $\square =$ ______ ➡ $\square =$ ______

□ — 48, 28

⑤ $\square - 71 = 20$ ➡ $\square =$ ______ ➡ $\square =$ ______

□ — 20, 71

2학년 방정식

B

월 일 / 10

① $\square - 62 = 12$ ($\square = 12 + 62$)

➡ $\square =$ ______

⑥ $\square - 14 = 74$

➡ $\square =$ ______

② $\square - 72 = 20$

➡ $\square =$ ______

⑦ $\square - 46 = 31$

➡ $\square =$ ______

③ $\square - 25 = 35$

➡ $\square =$ ______

⑧ $\square - 63 = 18$

➡ $\square =$ ______

④ $\square - 17 = 19$

➡ $\square =$ ______

⑨ $\square - 19 = 55$

➡ $\square =$ ______

⑤ $\square - 68 = 25$

➡ $\square =$ ______

⑩ $\square - 26 = 16$

➡ $\square =$ ______

2학년 방정식

A

월 일 / 10

① $28+\square=42$

➡ $\square=$ ______

② $52+\square=70$

➡ $\square=$ ______

③ $\square+69=88$

➡ $\square=$ ______

④ $\square+16=63$

➡ $\square=$ ______

⑤ $\square+27=91$

➡ $\square=$ ______

⑥ $97-\square=18$

➡ $\square=$ ______

⑦ $51-\square=46$

➡ $\square=$ ______

⑧ $\square-54=16$

➡ $\square=$ ______

⑨ $\square-29=57$

➡ $\square=$ ______

⑩ $\square-46=49$

➡ $\square=$ ______

5 Day 2학년 방정식

B

월 일 /3

① 저금통에 동전이 몇 개 들어 있었어요.
저금통에서 동전을 16개 꺼내서 아빠 선물을 샀더니
동전이 48개 남았어요.
처음 저금통에 들어 있던 동전은 몇 개였을까요?

식 □-16=48

답 개

무게 단위, 킬로그램이라고 읽어요.

② 현준이의 몸무게에 28 kg을 더하면 엄마의 몸무게가 돼요.
엄마의 몸무게가 53 kg이라면
현준이의 몸무게는 몇 kg일까요?

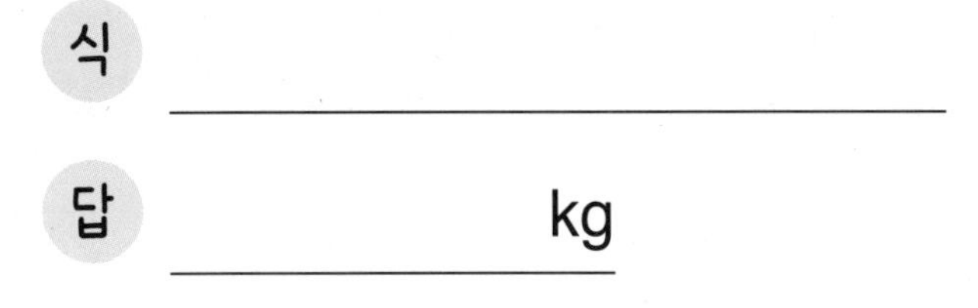

식

답 kg

③ 50조각으로 이루어진 퍼즐을 샀어요.
집중해서 퍼즐을 맞추었더니 15조각만 남았어요.
지금까지 맞춘 조각은 몇 조각일까요?

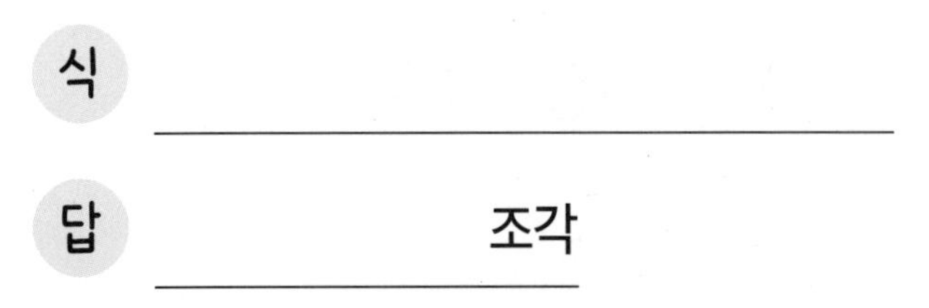

식

답 조각

3권 끝!

4권으로 넘어갈까요?

앗!

본책의 정답과 풀이를 분실하셨나요?
길벗스쿨 홈페이지에 들어오시면 내려받으실 수 있습니다.
https://school.gilbut.co.kr/

기적의 계산법

정답

정답

3권

엄마표 학습 생활기록부

21 단계 <학습기간> 월 일 ~ 월 일

계획 준수	① 매우 잘함	② 잘함	③ 보통	④ 노력 요함	종합의견	
원리 이해	① 매우 잘함	② 잘함	③ 보통	④ 노력 요함		
시간 단축	① 매우 잘함	② 잘함	③ 보통	④ 노력 요함		
정확성	① 매우 잘함	② 잘함	③ 보통	④ 노력 요함		

22 단계 <학습기간> 월 일 ~ 월 일

계획 준수	① 매우 잘함	② 잘함	③ 보통	④ 노력 요함	종합의견	
원리 이해	① 매우 잘함	② 잘함	③ 보통	④ 노력 요함		
시간 단축	① 매우 잘함	② 잘함	③ 보통	④ 노력 요함		
정확성	① 매우 잘함	② 잘함	③ 보통	④ 노력 요함		

23 단계 <학습기간> 월 일 ~ 월 일

계획 준수	① 매우 잘함	② 잘함	③ 보통	④ 노력 요함	종합의견	
원리 이해	① 매우 잘함	② 잘함	③ 보통	④ 노력 요함		
시간 단축	① 매우 잘함	② 잘함	③ 보통	④ 노력 요함		
정확성	① 매우 잘함	② 잘함	③ 보통	④ 노력 요함		

24 단계 <학습기간> 월 일 ~ 월 일

계획 준수	① 매우 잘함	② 잘함	③ 보통	④ 노력 요함	종합의견	
원리 이해	① 매우 잘함	② 잘함	③ 보통	④ 노력 요함		
시간 단축	① 매우 잘함	② 잘함	③ 보통	④ 노력 요함		
정확성	① 매우 잘함	② 잘함	③ 보통	④ 노력 요함		

25 단계 <학습기간> 월 일 ~ 월 일

계획 준수	① 매우 잘함	② 잘함	③ 보통	④ 노력 요함	종합의견	
원리 이해	① 매우 잘함	② 잘함	③ 보통	④ 노력 요함		
시간 단축	① 매우 잘함	② 잘함	③ 보통	④ 노력 요함		
정확성	① 매우 잘함	② 잘함	③ 보통	④ 노력 요함		

엄마가 선생님이 되어 아이의 학업 성취도를 평가해 주세요.

26 단계

<학습기간> 월 일 ~ 월 일

26 단계					종합의견	
계획 준수	① 매우 잘함	② 잘함	③ 보통	④ 노력 요함		
원리 이해	① 매우 잘함	② 잘함	③ 보통	④ 노력 요함		
시간 단축	① 매우 잘함	② 잘함	③ 보통	④ 노력 요함		
정확성	① 매우 잘함	② 잘함	③ 보통	④ 노력 요함		

27 단계

<학습기간> 월 일 ~ 월 일

27 단계					종합의견	
계획 준수	① 매우 잘함	② 잘함	③ 보통	④ 노력 요함		
원리 이해	① 매우 잘함	② 잘함	③ 보통	④ 노력 요함		
시간 단축	① 매우 잘함	② 잘함	③ 보통	④ 노력 요함		
정확성	① 매우 잘함	② 잘함	③ 보통	④ 노력 요함		

28 단계

<학습기간> 월 일 ~ 월 일

28 단계					종합의견	
계획 준수	① 매우 잘함	② 잘함	③ 보통	④ 노력 요함		
원리 이해	① 매우 잘함	② 잘함	③ 보통	④ 노력 요함		
시간 단축	① 매우 잘함	② 잘함	③ 보통	④ 노력 요함		
정확성	① 매우 잘함	② 잘함	③ 보통	④ 노력 요함		

29 단계

<학습기간> 월 일 ~ 월 일

29 단계					종합의견	
계획 준수	① 매우 잘함	② 잘함	③ 보통	④ 노력 요함		
원리 이해	① 매우 잘함	② 잘함	③ 보통	④ 노력 요함		
시간 단축	① 매우 잘함	② 잘함	③ 보통	④ 노력 요함		
정확성	① 매우 잘함	② 잘함	③ 보통	④ 노력 요함		

30 단계

<학습기간> 월 일 ~ 월 일

30 단계					종합의견	
계획 준수	① 매우 잘함	② 잘함	③ 보통	④ 노력 요함		
원리 이해	① 매우 잘함	② 잘함	③ 보통	④ 노력 요함		
시간 단축	① 매우 잘함	② 잘함	③ 보통	④ 노력 요함		
정확성	① 매우 잘함	② 잘함	③ 보통	④ 노력 요함		

(두 자리 수)+(두 자리 수)

21단계에서는 받아올림이 있는 두 자리 수의 덧셈을 익힙니다. 일의 자리에서 받아올림한 수는 십의 자리 위에, 십의 자리에서 받아올림한 수는 백의 자리 위에 작게 쓰는 습관을 들여 받아올림한 수를 빠뜨리지 않고 계산하도록 지도해 주세요. 받아올림을 어려워하는 아이들은 2권 12, 13, 16단계의 받아올림이 있는 (한, 두 자리 수)+(한 자리 수)를 복습합니다.

1 Day

11쪽 A

① 30 ② 80 ③ 98 ④ 93 ⑤ 39 ⑥ 87
⑦ 147 ⑧ 109 ⑨ 118 ⑩ 177 ⑪ 123 ⑫ 119
⑬ 97 ⑭ 76 ⑮ 33 ⑯ 72 ⑰ 90 ⑱ 91
⑲ 130 ⑳ 143 ㉑ 130 ㉒ 153 ㉓ 141 ㉔ 121

12쪽 B

① 108 ② 127 ③ 155 ④ 189
⑤ 60 ⑥ 45 ⑦ 91 ⑧ 85
⑨ 163 ⑩ 148 ⑪ 125 ⑫ 121
⑬ 143 ⑭ 115 ⑮ 171 ⑯ 131

2 Day

13쪽 A

① 90 ② 40 ③ 87 ④ 98 ⑤ 88 ⑥ 58
⑦ 118 ⑧ 139 ⑨ 135 ⑩ 119 ⑪ 105 ⑫ 149
⑬ 43 ⑭ 51 ⑮ 93 ⑯ 94 ⑰ 68 ⑱ 90
⑲ 130 ⑳ 154 ㉑ 172 ㉒ 161 ㉓ 141 ㉔ 130

14쪽 B

① 53 ② 55 ③ 82 ④ 81
⑤ 149 ⑥ 109 ⑦ 154 ⑧ 116
⑨ 175 ⑩ 114 ⑪ 132 ⑫ 171
⑬ 150 ⑭ 152 ⑮ 124 ⑯ 163

3 Day

15쪽 A

① 70 ② 60 ③ 66 ④ 62 ⑤ 84 ⑥ 59 ⑦ 108 ⑧ 149 ⑨ 126 ⑩ 113 ⑪ 166 ⑫ 108 ⑬ 85 ⑭ 82 ⑮ 72 ⑯ 92 ⑰ 32 ⑱ 75 ⑲ 135 ⑳ 193 ㉑ 130 ㉒ 147 ㉓ 157 ㉔ 166

16쪽 B

① 169 ② 108 ③ 137 ④ 135 ⑤ 64 ⑥ 92 ⑦ 50 ⑧ 60 ⑨ 121 ⑩ 172 ⑪ 164 ⑫ 134 ⑬ 163 ⑭ 112 ⑮ 133 ⑯ 160

4 Day

17쪽 A

① 80 ② 70 ③ 92 ④ 87 ⑤ 64 ⑥ 86 ⑦ 115 ⑧ 139 ⑨ 117 ⑩ 103 ⑪ 137 ⑫ 109 ⑬ 71 ⑭ 83 ⑮ 88 ⑯ 71 ⑰ 80 ⑱ 73 ⑲ 163 ⑳ 150 ㉑ 176 ㉒ 172 ㉓ 161 ㉔ 162

18쪽 B

① 169 ② 127 ③ 117 ④ 149 ⑤ 51 ⑥ 80 ⑦ 73 ⑧ 83 ⑨ 152 ⑩ 124 ⑪ 143 ⑫ 125 ⑬ 142 ⑭ 180 ⑮ 113 ⑯ 125

5 Day

19쪽 A

① 70 ② 60 ③ 74 ④ 89 ⑤ 96 ⑥ 96 ⑦ 129 ⑧ 119 ⑨ 159 ⑩ 116 ⑪ 155 ⑫ 147 ⑬ 80 ⑭ 37 ⑮ 83 ⑯ 93 ⑰ 92 ⑱ 41 ⑲ 125 ⑳ 155 ㉑ 135 ㉒ 141 ㉓ 132 ㉔ 170

20쪽 B

① 92 ② 86 ③ 60 ④ 75 ⑤ 185 ⑥ 108 ⑦ 128 ⑧ 116 ⑨ 151 ⑩ 134 ⑪ 150 ⑫ 123 ⑬ 157 ⑭ 163 ⑮ 193 ⑯ 115

22단계 (두 자리 수)-(두 자리 수)

22단계에서는 받아내림이 있는 두 자리 수의 뺄셈을 익힙니다. 십의 자리에서 받아내림한 수가 일의 자리에서 10이 되는 것을 이해하지 못하는 아이들은 자릿값 개념이 부족한 것이므로 수 모형 또는 모형 동전으로 이해시켜 주세요. 받아내림을 어려워하는 아이들은 2권 12, 14, 17단계의 받아내림이 있는 (한, 두 자리 수)-(한 자리 수)를 복습합니다.

1 Day

23쪽 A

① 30	⑦ 15	⑬ 37	⑲ 4
② 20	⑧ 44	⑭ 67	⑳ 17
③ 17	⑨ 28	⑮ 26	㉑ 18
④ 34	⑩ 35	⑯ 5	㉒ 28
⑤ 43	⑪ 1	⑰ 19	㉓ 6
⑥ 35	⑫ 77	⑱ 47	㉔ 18

24쪽 B

① 32	⑤ 45	⑨ 28	⑬ 38
② 55	⑥ 3	⑩ 15	⑭ 49
③ 33	⑦ 19	⑪ 17	⑮ 3
④ 36	⑧ 19	⑫ 25	⑯ 38

2 Day

25쪽 A

① 30	⑦ 15	⑬ 59	⑲ 17
② 20	⑧ 36	⑭ 5	⑳ 5
③ 28	⑨ 3	⑮ 58	㉑ 9
④ 5	⑩ 1	⑯ 14	㉒ 25
⑤ 30	⑪ 18	⑰ 18	㉓ 46
⑥ 11	⑫ 4	⑱ 27	㉔ 19

26쪽 B

① 55	⑤ 27	⑨ 49	⑬ 69
② 32	⑥ 39	⑩ 57	⑭ 47
③ 29	⑦ 65	⑪ 47	⑮ 18
④ 13	⑧ 15	⑫ 59	⑯ 18

3 Day

27쪽 A

① 10 ② 30 ③ 35 ④ 66 ⑤ 23 ⑥ 12
⑦ 12 ⑧ 53 ⑨ 16 ⑩ 4 ⑪ 11 ⑫ 79
⑬ 36 ⑭ 18 ⑮ 19 ⑯ 6 ⑰ 15 ⑱ 36
⑲ 17 ⑳ 28 ㉑ 7 ㉒ 12 ㉓ 29 ㉔ 5

28쪽 B

① 12 ② 31 ③ 45 ④ 17
⑤ 65 ⑥ 19 ⑦ 19 ⑧ 15
⑨ 58 ⑩ 29 ⑪ 27 ⑫ 16
⑬ 38 ⑭ 47 ⑮ 37 ⑯ 17

4 Day

29쪽 A

① 10 ② 10 ③ 34 ④ 33 ⑤ 52 ⑥ 42
⑦ 8 ⑧ 34 ⑨ 43 ⑩ 31 ⑪ 57 ⑫ 15
⑬ 69 ⑭ 7 ⑮ 9 ⑯ 26 ⑰ 18 ⑱ 15
⑲ 37 ⑳ 28 ㉑ 17 ㉒ 24 ㉓ 9 ㉔ 46

30쪽 B

① 26 ② 52 ③ 9 ④ 22
⑤ 7 ⑥ 47 ⑦ 69 ⑧ 56
⑨ 8 ⑩ 24 ⑪ 29 ⑫ 19
⑬ 36 ⑭ 65 ⑮ 43 ⑯ 28

5 Day

31쪽 A

① 10 ② 20 ③ 14 ④ 58 ⑤ 21 ⑥ 45
⑦ 23 ⑧ 47 ⑨ 4 ⑩ 45 ⑪ 2 ⑫ 11
⑬ 14 ⑭ 26 ⑮ 29 ⑯ 39 ⑰ 26 ⑱ 7
⑲ 8 ⑳ 19 ㉑ 7 ㉒ 6 ㉓ 19 ㉔ 9

32쪽 B

① 11 ② 62 ③ 26 ④ 23
⑤ 18 ⑥ 36 ⑦ 38 ⑧ 58
⑨ 26 ⑩ 29 ⑪ 28 ⑫ 16
⑬ 26 ⑭ 78 ⑮ 33 ⑯ 25

23단계 두 자리 수의 덧셈과 뺄셈 종합 ❶

23단계는 21, 22단계에서 배운 두 자리 수의 덧셈과 뺄셈을 한꺼번에 확인하는 과정입니다. 받아올림과 받아내림에 주의하면서 실수 없이 정확하게 풀 수 있도록 지도해 주세요. 초등 저학년에서 연산은 반복 학습이 중요하므로 주기적으로 앞의 과정을 되짚어서 연산을 능숙하게 할 수 있도록 지도합니다.

1 Day

35쪽 A

① 37	⑦ 120	⑬ 50	⑲ 94
② 87	⑧ 139	⑭ 52	⑳ 176
③ 164	⑨ 77	⑮ 104	㉑ 128
④ 55	⑩ 131	⑯ 59	㉒ 140
⑤ 147	⑪ 191	⑰ 82	㉓ 114
⑥ 90	⑫ 97	⑱ 145	㉔ 122

36쪽 B

① 25	⑦ 16	⑬ 40	⑲ 45
② 48	⑧ 27	⑭ 21	⑳ 19
③ 5	⑨ 29	⑮ 58	㉑ 34
④ 22	⑩ 38	⑯ 28	㉒ 6
⑤ 59	⑪ 35	⑰ 40	㉓ 37
⑥ 13	⑫ 17	⑱ 10	㉔ 51

2 Day

37쪽 A

① 80	⑦ 67	⑬ 65	⑲ 131
② 74	⑧ 146	⑭ 141	⑳ 100
③ 73	⑨ 133	⑮ 78	㉑ 179
④ 121	⑩ 82	⑯ 78	㉒ 132
⑤ 86	⑪ 139	⑰ 133	㉓ 86
⑥ 143	⑫ 80	⑱ 123	㉔ 113

38쪽 B

① 40	⑦ 26	⑬ 66	⑲ 28
② 0	⑧ 32	⑭ 25	⑳ 3
③ 47	⑨ 27	⑮ 17	㉑ 56
④ 36	⑩ 19	⑯ 33	㉒ 28
⑤ 18	⑪ 13	⑰ 46	㉓ 45
⑥ 19	⑫ 9	⑱ 17	㉔ 38

3 Day

39쪽 A

① 79	⑦ 67	⑬ 128	⑲ 84
② 137	⑧ 20	⑭ 132	⑳ 105
③ 140	⑨ 116	⑮ 64	㉑ 134
④ 91	⑩ 143	⑯ 69	㉒ 90
⑤ 69	⑪ 51	⑰ 130	㉓ 137
⑥ 124	⑫ 154	⑱ 75	㉔ 127

40쪽 B

① 38	⑦ 24	⑬ 12	⑲ 60
② 43	⑧ 14	⑭ 37	⑳ 34
③ 5	⑨ 70	⑮ 19	㉑ 35
④ 38	⑩ 14	⑯ 40	㉒ 8
⑤ 84	⑪ 27	⑰ 8	㉓ 34
⑥ 21	⑫ 37	⑱ 14	㉔ 18

4 Day

41쪽 A

① 68	⑦ 145	⑬ 59	⑲ 80
② 62	⑧ 100	⑭ 90	⑳ 141
③ 149	⑨ 174	⑮ 145	㉑ 64
④ 97	⑩ 118	⑯ 123	㉒ 130
⑤ 60	⑪ 115	⑰ 125	㉓ 78
⑥ 125	⑫ 127	⑱ 47	㉔ 66

42쪽 B

① 12	⑦ 38	⑬ 20	⑲ 27
② 69	⑧ 13	⑭ 55	⑳ 23
③ 8	⑨ 38	⑮ 29	㉑ 25
④ 23	⑩ 28	⑯ 47	㉒ 8
⑤ 10	⑪ 38	⑰ 16	㉓ 42
⑥ 17	⑫ 35	⑱ 41	㉔ 36

5 Day

43쪽 A

① 122	⑦ 70	⑬ 75	⑲ 115
② 94	⑧ 123	⑭ 115	⑳ 49
③ 128	⑨ 36	⑮ 115	㉑ 77
④ 133	⑩ 171	⑯ 60	㉒ 144
⑤ 134	⑪ 87	⑰ 71	㉓ 46
⑥ 66	⑫ 134	⑱ 139	㉔ 145

44쪽 B

① 78	⑦ 36	⑬ 56	⑲ 0
② 19	⑧ 31	⑭ 41	⑳ 8
③ 51	⑨ 38	⑮ 66	㉑ 29
④ 12	⑩ 19	⑯ 22	㉒ 27
⑤ 38	⑪ 5	⑰ 55	㉓ 37
⑥ 50	⑫ 65	⑱ 9	㉔ 9

24단계 두 자리 수의 덧셈과 뺄셈 종합 ❷

24단계에서는 두 자리 수의 덧셈과 뺄셈을 완성하고 능숙하게 가로셈을 세로셈으로 계산할 수 있도록 반복 연습합니다. 가로셈을 세로셈으로 쓸 때에는 일의 자리를 기준으로 맞추어 쓰도록 훈련하여 자릿수가 다른 두 수의 덧셈과 뺄셈을 계산하는 기초를 탄탄하게 쌓도록 합니다.

1 Day

47쪽 Ⓐ

① 76	⑦ 63	⑬ 55	⑲ 58
② 102	⑧ 105	⑭ 12	⑳ 45
③ 89	⑨ 111	⑮ 17	㉑ 51
④ 115	⑩ 130	⑯ 28	㉒ 67
⑤ 70	⑪ 181	⑰ 26	㉓ 8
⑥ 129	⑫ 145	⑱ 84	㉔ 33

48쪽 Ⓑ

① 88	⑤ 51	⑨ 15	⑬ 14
② 50	⑥ 91	⑩ 25	⑭ 56
③ 111	⑦ 110	⑪ 13	⑮ 11
④ 148	⑧ 102	⑫ 37	⑯ 49

2 Day

49쪽 Ⓐ

① 95	⑦ 116	⑬ 15	⑲ 9
② 48	⑧ 133	⑭ 36	⑳ 38
③ 94	⑨ 81	⑮ 7	㉑ 39
④ 81	⑩ 123	⑯ 37	㉒ 8
⑤ 108	⑪ 111	⑰ 24	㉓ 31
⑥ 172	⑫ 105	⑱ 41	㉔ 9

50쪽 Ⓑ

① 86	⑤ 84	⑨ 11	⑬ 58
② 110	⑥ 101	⑩ 13	⑭ 29
③ 109	⑦ 114	⑪ 24	⑮ 23
④ 145	⑧ 141	⑫ 19	⑯ 28

3 Day

51쪽 A

① 57 ② 93 ③ 78 ④ 162 ⑤ 115 ⑥ 94
⑦ 122 ⑧ 61 ⑨ 117 ⑩ 133 ⑪ 132 ⑫ 160
⑬ 41 ⑭ 17 ⑮ 64 ⑯ 15 ⑰ 7 ⑱ 61
⑲ 26 ⑳ 57 ㉑ 22 ㉒ 12 ㉓ 37 ㉔ 4

52쪽 B

① 67 ② 50 ③ 129 ④ 104
⑤ 51 ⑥ 91 ⑦ 123 ⑧ 111
⑨ 12 ⑩ 57 ⑪ 12 ⑫ 38
⑬ 24 ⑭ 3 ⑮ 36 ⑯ 28

4 Day

53쪽 A

① 94 ② 84 ③ 86 ④ 128 ⑤ 104 ⑥ 83
⑦ 91 ⑧ 135 ⑨ 62 ⑩ 122 ⑪ 124 ⑫ 153
⑬ 26 ⑭ 69 ⑮ 19 ⑯ 27 ⑰ 29 ⑱ 12
⑲ 24 ⑳ 38 ㉑ 22 ㉒ 37 ㉓ 38 ㉔ 18

54쪽 B

① 88 ② 112 ③ 105 ④ 148
⑤ 42 ⑥ 93 ⑦ 120 ⑧ 141
⑨ 44 ⑩ 49 ⑪ 50 ⑫ 38
⑬ 39 ⑭ 4 ⑮ 13 ⑯ 29

5 Day

55쪽 A

① 89 ② 69 ③ 70 ④ 166 ⑤ 80 ⑥ 129
⑦ 139 ⑧ 61 ⑨ 161 ⑩ 83 ⑪ 111 ⑫ 141
⑬ 44 ⑭ 51 ⑮ 26 ⑯ 34 ⑰ 68 ⑱ 79
⑲ 66 ⑳ 65 ㉑ 49 ㉒ 19 ㉓ 21 ㉔ 39

56쪽 B

① 94 ② 84 ③ 98 ④ 108
⑤ 101 ⑥ 94 ⑦ 135 ⑧ 121
⑨ 26 ⑩ 13 ⑪ 65 ⑫ 14
⑬ 6 ⑭ 16 ⑮ 19 ⑯ 7

25 단계 같은 수를 여러 번 더하기

25단계에서는 같은 수를 여러 번 더하는 동수누가의 원리로 곱셈을 약속합니다. 2×3을 2+2+2가 아닌 2+3으로 나타내는 아이들은 곱셈 기호의 앞과 뒤의 수, 즉 곱해지는 수와 곱하는 수가 어떤 뜻인지 이해하지 못한 것이므로 '곱셈 기호 앞의 수를 뒤의 수의 개수만큼 더한다.'는 곱셈식의 의미를 이해시켜 주세요.

1 Day

59쪽 A

① 3, 2
② 7, 3
③ 9, 4
④ 2, 5
⑤ 2, 6
⑥ 7, 7
⑦ 8, 8
⑧ 6, 9
⑨ 4, 9
⑩ 5, 8

60쪽 B

① 6 ② 20 ③ 42
④ 24 ⑤ 8 ⑥ 18
⑦ 15 ⑧ 36 ⑨ 36
⑩ 12 ⑪ 12 ⑫ 48

2 Day

61쪽 A

① 7, 2
② 9, 3
③ 6, 4
④ 8, 5
⑤ 5, 6
⑥ 2, 7
⑦ 3, 8
⑧ 9, 9
⑨ 5, 9
⑩ 4, 8

62쪽 B

① 12 ② 15 ③ 49
④ 14 ⑤ 20 ⑥ 14
⑦ 10 ⑧ 30 ⑨ 21
⑩ 16 ⑪ 45 ⑫ 28

3 Day

63쪽 A

① 4, 2
② 8, 3
③ 7, 4
④ 5, 5
⑤ 3, 6
⑥ 9, 7
⑦ 6, 8
⑧ 2, 9
⑨ 7, 9
⑩ 9, 8

64쪽 B

① 16 ② 45 ③ 32 ④ 18 ⑤ 24 ⑥ 72 ⑦ 48 ⑧ 63

4 Day

65쪽 A

① 9, 2
② 2, 3
③ 5, 4
④ 4, 5
⑤ 8, 6
⑥ 3, 7
⑦ 5, 8
⑧ 8, 9
⑨ 6, 9
⑩ 7, 8

66쪽 B

① 18 ② 21 ③ 25 ④ 6 ⑤ 18 ⑥ 10 ⑦ 12 ⑧ 56 ⑨ 72 ⑩ 40

5 Day

67쪽 A

① 5, 2
② 6, 3
③ 2, 4
④ 9, 5
⑤ 7, 6
⑥ 5, 7
⑦ 2, 8
⑧ 4, 9
⑨ 3, 9
⑩ 8, 8

68쪽 B

① 8 ② 32 ③ 54 ④ 4 ⑤ 28 ⑥ 30 ⑦ 35 ⑧ 56 ⑨ 64 ⑩ 42

26 단계 구구단 - 2, 5, 3, 4단 ❶

26단계에서는 구구단 중 2단, 5단, 3단, 4단을 외웁니다.
구구단을 처음 외우는 아이들은 앞에서부터 차례로 외울 때에는 잘하더라도 임의로 중간의 곱셈식을 던져 주면 머뭇거리기 마련입니다. 끈기를 가지고 구구단을 실수 없이 외울 수 있도록 독려해 주세요.

1 Day

71쪽 Ⓐ

① 4
② 12
③ 10
④ 20
⑤ 40
⑥ 12
⑦ 10
⑧ 27
⑨ 6
⑩ 20
⑪ 24
⑫ 35
⑬ 8
⑭ 16
⑮ 32
⑯ 15
⑰ 25
⑱ 6
⑲ 18
⑳ 8
㉑ 15
㉒ 36
㉓ 21
㉔ 28
㉕ 30
㉖ 12
㉗ 16
㉘ 14
㉙ 9
㉚ 24

72쪽 Ⓑ

	×4	×1	×5	×0	×2	×3
5	20	5	25	0	10	15
4	16	4	20	0	8	12
3	12	3	15	0	6	9
2	8	2	10	0	4	6
1	4	1	5	0	2	3
0	0	0	0	0	0	0

2 Day

73쪽 Ⓐ

① 12
② 12
③ 4
④ 10
⑤ 9
⑥ 8
⑦ 27
⑧ 15
⑨ 21
⑩ 8
⑪ 16
⑫ 16
⑬ 18
⑭ 18
⑮ 20
⑯ 36
⑰ 14
⑱ 24
⑲ 45
⑳ 6
㉑ 30
㉒ 15
㉓ 12
㉔ 32
㉕ 6
㉖ 25
㉗ 20
㉘ 28
㉙ 35
㉚ 24

74쪽 Ⓑ

	×2	×4	×3	×1	×0	×5
3	6	12	9	3	0	15
5	10	20	15	5	0	25
0	0	0	0	0	0	0
4	8	16	12	4	0	20
1	2	4	3	1	0	5
2	4	8	6	2	0	10

3 Day

75쪽 A

① 16 ② 4 ③ 10 ④ 35 ⑤ 20 ⑥ 6 ⑦ 40 ⑧ 10 ⑨ 27 ⑩ 24
⑪ 12 ⑫ 20 ⑬ 8 ⑭ 12 ⑮ 30 ⑯ 32 ⑰ 15 ⑱ 2 ⑲ 25 ⑳ 36
㉑ 6 ㉒ 8 ㉓ 45 ㉔ 15 ㉕ 28 ㉖ 21 ㉗ 18 ㉘ 24 ㉙ 16 ㉚ 12

76쪽 B

	×5	×0	×3	×4	×1	×2
4	20	0	12	16	4	8
1	5	0	3	4	1	2
3	15	0	9	12	3	6
5	25	0	15	20	5	10
2	10	0	6	8	2	4
0	0	0	0	0	0	0

4 Day

77쪽 A

① 18 ② 10 ③ 12 ④ 18 ⑤ 40 ⑥ 21 ⑦ 4 ⑧ 9 ⑨ 8 ⑩ 27
⑪ 12 ⑫ 16 ⑬ 8 ⑭ 12 ⑮ 16 ⑯ 14 ⑰ 45 ⑱ 36 ⑲ 24 ⑳ 6
㉑ 30 ㉒ 6 ㉓ 10 ㉔ 15 ㉕ 15 ㉖ 28 ㉗ 32 ㉘ 24 ㉙ 25 ㉚ 20

78쪽 B

	×1	×5	×4	×0	×2	×3
3	3	15	12	0	6	9
0	0	0	0	0	0	0
5	5	25	20	0	10	15
1	1	5	4	0	2	3
4	4	20	16	0	8	12
2	2	10	8	0	4	6

5 Day

79쪽 A

① 20 ② 8 ③ 4 ④ 12 ⑤ 10 ⑥ 27 ⑦ 20 ⑧ 24 ⑨ 40 ⑩ 35
⑪ 12 ⑫ 10 ⑬ 6 ⑭ 18 ⑮ 16 ⑯ 21 ⑰ 32 ⑱ 15 ⑲ 25 ⑳ 28
㉑ 6 ㉒ 18 ㉓ 8 ㉔ 36 ㉕ 45 ㉖ 30 ㉗ 12 ㉘ 14 ㉙ 16 ㉚ 9

80쪽 B

	×3	×2	×4	×5	×1	×0
5	15	10	20	25	5	0
0	0	0	0	0	0	0
3	9	6	12	15	3	0
1	3	2	4	5	1	0
2	6	4	8	10	2	0
4	12	8	16	20	4	0

구구단 - 2, 5, 3, 4단 ❷

27단계에서는 26단계에 이어서 2단, 5단, 3단, 4단 구구단의 학습을 완성합니다. 앞 단계와 비교하여 계산 시간을 줄여 속도를 높이면서 동시에 정확성도 높이는 것을 목표로 공부합니다. 특히 2단, 5단, 3단, 4단 구구단에서 곱하는 수가 6, 7, 8, 9인 경우도 곱셈표를 완성하며 더 연습하도록 지도해 주세요.

1 Day

83쪽 Ⓐ

①

	×8	×6	×0	×9	×1	×7
3	24	18	0	27	3	21
1	8	6	0	9	1	7
5	40	30	0	45	5	35

②

	×5	×1	×4	×6	×8	×3
2	10	2	8	12	16	6
0	0	0	0	0	0	0
4	20	4	16	24	32	12

84쪽 Ⓑ

① 9
② 8
③ 12
④ 8
⑤ 27
⑥ 40
⑦ 4
⑧ 18
⑨ 12
⑩ 18
⑪ 12
⑫ 10
⑬ 16
⑭ 21
⑮ 16
⑯ 6
⑰ 20
⑱ 24
⑲ 36
⑳ 14
㉑ 45
㉒ 15
㉓ 32
㉔ 28
㉕ 6
㉖ 25
㉗ 15
㉘ 24
㉙ 20
㉚ 10

2 Day

85쪽 Ⓐ

①

	×1	×8	×0	×7	×6	×9
1	1	8	0	7	6	9
3	3	24	0	21	18	27
5	5	40	0	35	30	45

②

	×2	×9	×5	×3	×1	×7
2	4	18	10	6	2	14
0	0	0	0	0	0	0
4	8	36	20	12	4	28

86쪽 Ⓑ

① 6
② 12
③ 12
④ 4
⑤ 35
⑥ 20
⑦ 40
⑧ 10
⑨ 27
⑩ 20
⑪ 10
⑫ 16
⑬ 24
⑭ 8
⑮ 36
⑯ 18
⑰ 32
⑱ 45
⑲ 25
⑳ 6
㉑ 8
㉒ 15
㉓ 21
㉔ 15
㉕ 30
㉖ 28
㉗ 18
㉘ 12
㉙ 9
㉚ 14

3 Day

87쪽 A

①

	×9	×6	×1	×7	×8	×3
4	36	24	4	28	32	12
0	0	0	0	0	0	0
2	18	12	2	14	16	6

②

	×4	×8	×7	×0	×5	×2
5	20	40	35	0	25	10
1	4	8	7	0	5	2
3	12	24	21	0	15	6

88쪽 B

① 18
② 21
③ 18
④ 10
⑤ 8
⑥ 4
⑦ 8
⑧ 40
⑨ 9
⑩ 27
⑪ 12
⑫ 12
⑬ 16
⑭ 16
⑮ 12
⑯ 45
⑰ 14
⑱ 36
⑲ 15
⑳ 24
㉑ 20
㉒ 6
㉓ 28
㉔ 10
㉕ 35
㉖ 15
㉗ 6
㉘ 32
㉙ 25
㉚ 24

4 Day

89쪽 A

①

	×8	×0	×1	×7	×9	×6
5	40	0	5	35	45	30
1	8	0	1	7	9	6
2	16	0	2	14	18	12

②

	×3	×6	×4	×2	×5	×8
0	0	0	0	0	0	0
3	9	18	12	6	15	24
4	12	24	16	8	20	32

90쪽 B

① 6
② 10
③ 20
④ 40
⑤ 12
⑥ 27
⑦ 24
⑧ 35
⑨ 5
⑩ 8
⑪ 12
⑫ 10
⑬ 36
⑭ 4
⑮ 16
⑯ 15
⑰ 25
⑱ 45
⑲ 6
⑳ 18
㉑ 28
㉒ 15
㉓ 21
㉔ 8
㉕ 30
㉖ 32
㉗ 18
㉘ 9
㉙ 14
㉚ 20

5 Day

91쪽 A

①

	×9	×8	×6	×1	×2	×7
0	0	0	0	0	0	0
5	45	40	30	5	10	35
2	18	16	12	2	4	14

②

	×7	×4	×0	×5	×9	×3
1	7	4	0	5	9	3
4	28	16	0	20	36	12
3	21	12	0	15	27	9

92쪽 B

① 12
② 8
③ 40
④ 16
⑤ 10
⑥ 12
⑦ 9
⑧ 27
⑨ 18
⑩ 21
⑪ 8
⑫ 12
⑬ 16
⑭ 18
⑮ 36
⑯ 20
⑰ 14
⑱ 24
⑲ 45
⑳ 6
㉑ 15
㉒ 28
㉓ 30
㉔ 6
㉕ 10
㉖ 15
㉗ 32
㉘ 25
㉙ 35
㉚ 24

28단계 구구단 - 6, 7, 8, 9단 ❶

28단계에서는 구구단 중 6단, 7단, 8단, 9단을 외웁니다.
구구단을 처음 외우는 아이들은 앞에서부터 차례로 외울 때에는 잘하더라도 임의로 중간의 곱셈식을 던져 주면 머뭇거리기 마련입니다. 끈기를 가지고 구구단을 실수 없이 외울 수 있도록 독려해 주세요.

1 Day

95쪽 A

① 36 ② 56 ③ 35 ④ 42 ⑤ 49 ⑥ 81 ⑦ 56 ⑧ 30 ⑨ 54 ⑩ 21
⑪ 18 ⑫ 18 ⑬ 24 ⑭ 16 ⑮ 48 ⑯ 14 ⑰ 24 ⑱ 36 ⑲ 42 ⑳ 63
㉑ 64 ㉒ 48 ㉓ 63 ㉔ 45 ㉕ 72 ㉖ 12 ㉗ 40 ㉘ 27 ㉙ 28 ㉚ 54

96쪽 B

	×1	×4	×2	×0	×3	×5
8	8	32	16	0	24	40
6	6	24	12	0	18	30
1	1	4	2	0	3	5
0	0	0	0	0	0	0
7	7	28	14	0	21	35
9	9	36	18	0	27	45

2 Day

97쪽 A

① 12 ② 56 ③ 42 ④ 40 ⑤ 54 ⑥ 18 ⑦ 63 ⑧ 36 ⑨ 64 ⑩ 48
⑪ 36 ⑫ 56 ⑬ 45 ⑭ 72 ⑮ 49 ⑯ 16 ⑰ 27 ⑱ 28 ⑲ 32 ⑳ 24
㉑ 72 ㉒ 24 ㉓ 14 ㉔ 54 ㉕ 21 ㉖ 8 ㉗ 35 ㉘ 48 ㉙ 18 ㉚ 63

98쪽 B

	×2	×1	×5	×0	×3	×4
6	12	6	30	0	18	24
9	18	9	45	0	27	36
1	2	1	5	0	3	4
7	14	7	35	0	21	28
0	0	0	0	0	0	0
8	16	8	40	0	24	32

3 Day

99쪽 A

① 35
② 42
③ 36
④ 56
⑤ 49
⑥ 56
⑦ 30
⑧ 14
⑨ 16
⑩ 18
⑪ 21
⑫ 54
⑬ 18
⑭ 48
⑮ 24
⑯ 24
⑰ 36
⑱ 32
⑲ 42
⑳ 72
㉑ 63
㉒ 28
㉓ 48
㉔ 63
㉕ 81
㉖ 72
㉗ 27
㉘ 64
㉙ 40
㉚ 54

100쪽 B

	×5	×0	×3	×2	×1	×4
9	45	0	27	18	9	36
8	40	0	24	16	8	32
1	5	0	3	2	1	4
6	30	0	18	12	6	24
7	35	0	21	14	7	28
0	0	0	0	0	0	0

4 Day

101쪽 A

① 42
② 40
③ 42
④ 56
⑤ 12
⑥ 54
⑦ 81
⑧ 24
⑨ 18
⑩ 36
⑪ 72
⑫ 64
⑬ 35
⑭ 16
⑮ 48
⑯ 36
⑰ 56
⑱ 63
⑲ 32
⑳ 45
㉑ 49
㉒ 27
㉓ 72
㉔ 28
㉕ 24
㉖ 54
㉗ 21
㉘ 63
㉙ 48
㉚ 30

102쪽 B

	×4	×0	×3	×5	×2	×1
8	32	0	24	40	16	8
1	4	0	3	5	2	1
9	36	0	27	45	18	9
6	24	0	18	30	12	6
0	0	0	0	0	0	0
7	28	0	21	35	14	7

5 Day

103쪽 A

① 56
② 30
③ 56
④ 42
⑤ 81
⑥ 36
⑦ 49
⑧ 48
⑨ 24
⑩ 54
⑪ 36
⑫ 35
⑬ 18
⑭ 18
⑮ 14
⑯ 48
⑰ 16
⑱ 24
⑲ 40
⑳ 32
㉑ 42
㉒ 72
㉓ 54
㉔ 63
㉕ 45
㉖ 64
㉗ 72
㉘ 27
㉙ 12
㉚ 21

104쪽 B

	×1	×4	×0	×2	×5	×3
9	9	36	0	18	45	27
8	8	32	0	16	40	24
1	1	4	0	2	5	3
0	0	0	0	0	0	0
7	7	28	0	14	35	21
6	6	24	0	12	30	18

구구단 - 6, 7, 8, 9단 ❷

29단계에서는 28단계에 이어서 6단, 7단, 8단, 9단 구구단의 학습을 완성합니다. 앞 단계와 비교하여 계산 시간을 줄여 속도를 높이면서 동시에 정확성도 높이는 것을 목표로 공부합니다. 특히 6단, 7단, 8단, 9단 구구단에서 곱하는 수가 6, 7, 8, 9인 경우도 곱셈표를 완성하며 더 연습하도록 지도해 주세요.

1 Day

107쪽 Ⓐ

①

	×9	×6	×8	×1	×7	×3
8	72	48	64	8	56	24
0	0	0	0	0	0	0
7	63	42	56	7	49	21

②

	×2	×5	×7	×9	×0	×4
1	2	5	7	9	0	4
6	12	30	42	54	0	24
9	18	45	63	81	0	36

108쪽 Ⓑ

① 40
② 54
③ 42
④ 42
⑤ 56
⑥ 12
⑦ 48
⑧ 16
⑨ 36
⑩ 18
⑪ 27
⑫ 56
⑬ 64
⑭ 72
⑮ 45
⑯ 72
⑰ 24
⑱ 63
⑲ 49
⑳ 36
㉑ 28
㉒ 24
㉓ 63
㉔ 14
㉕ 21
㉖ 35
㉗ 30
㉘ 48
㉙ 18
㉚ 54

2 Day

109쪽 Ⓐ

①

	×1	×8	×6	×0	×7	×9
6	6	48	36	0	42	54
9	9	72	54	0	63	81
0	0	0	0	0	0	0

②

	×9	×3	×0	×5	×2	×7
8	72	24	0	40	16	56
7	63	21	0	35	14	49
1	9	3	0	5	2	7

110쪽 Ⓑ

① 42
② 56
③ 35
④ 81
⑤ 18
⑥ 49
⑦ 36
⑧ 30
⑨ 18
⑩ 56
⑪ 54
⑫ 16
⑬ 14
⑭ 24
⑮ 24
⑯ 21
⑰ 36
⑱ 48
⑲ 72
⑳ 64
㉑ 42
㉒ 63
㉓ 28
㉔ 54
㉕ 48
㉖ 32
㉗ 45
㉘ 40
㉙ 63
㉚ 27

3 Day

111쪽 A

①

	×7	×8	×6	×1	×9	×0
0	0	0	0	0	0	0
7	49	56	42	7	63	0
8	56	64	48	8	72	0

②

	×4	×6	×5	×3	×1	×8
9	36	54	45	27	9	72
6	24	36	30	18	6	48
1	4	6	5	3	1	8

112쪽 B

① 40 ② 42 ③ 72 ④ 56 ⑤ 81 ⑥ 12 ⑦ 54 ⑧ 72 ⑨ 42 ⑩ 16
⑪ 36 ⑫ 27 ⑬ 64 ⑭ 48 ⑮ 56 ⑯ 18 ⑰ 63 ⑱ 45 ⑲ 32 ⑳ 49
㉑ 28 ㉒ 24 ㉓ 24 ㉔ 63 ㉕ 54 ㉖ 36 ㉗ 21 ㉘ 35 ㉙ 14 ㉚ 48

4 Day

113쪽 A

①

	×8	×2	×0	×7	×6	×9
9	72	18	0	63	54	81
1	8	2	0	7	6	9
6	48	12	0	42	36	54

②

	×5	×4	×8	×6	×1	×3
0	0	0	0	0	0	0
8	40	32	64	48	8	24
7	35	28	56	42	7	21

114쪽 B

① 56 ② 35 ③ 42 ④ 49 ⑤ 36 ⑥ 30 ⑦ 81 ⑧ 56 ⑨ 24 ⑩ 18
⑪ 24 ⑫ 21 ⑬ 16 ⑭ 36 ⑮ 48 ⑯ 14 ⑰ 54 ⑱ 18 ⑲ 63 ⑳ 42
㉑ 63 ㉒ 72 ㉓ 48 ㉔ 12 ㉕ 45 ㉖ 72 ㉗ 27 ㉘ 28 ㉙ 32 ㉚ 54

5 Day

115쪽 A

①

	×6	×1	×7	×9	×4	×8
8	48	8	56	72	32	64
0	0	0	0	0	0	0
1	6	1	7	9	4	8

②

	×8	×0	×9	×5	×2	×7
6	48	0	54	30	12	42
9	72	0	81	45	18	63
7	56	0	63	35	14	49

116쪽 B

① 56 ② 12 ③ 40 ④ 81 ⑤ 42 ⑥ 42 ⑦ 54 ⑧ 45 ⑨ 49 ⑩ 16
⑪ 63 ⑫ 24 ⑬ 64 ⑭ 36 ⑮ 32 ⑯ 36 ⑰ 18 ⑱ 48 ⑲ 56 ⑳ 72
㉑ 27 ㉒ 72 ㉓ 28 ㉔ 24 ㉕ 48 ㉖ 18 ㉗ 14 ㉘ 21 ㉙ 54 ㉚ 30

2학년 방정식

구하려고 하는 □의 값이 전체일 때에는 덧셈식으로 만들고, □의 값이 부분을 나타낼 때에는 전체에서 다른 부분을 빼는 뺄셈식으로 만들면 됩니다. 구하려고 하는 □가 전체인지 부분인지 수직선을 직접 그리면서 판단할 수 있도록 도와주세요. 수직선을 이용하여 식을 변형하기 어려워하는 아이들은 수를 작게 바꾸어서 연습하면 좋습니다.

1 Day

119쪽 A

① 60−40, 20
② 76−32, 44
③ 50−14, 36
④ 44−27, 17
⑤ 92−19, 73

120쪽 B

① 67
② 23
③ 8
④ 15
⑤ 18
⑥ 40
⑦ 61
⑧ 48
⑨ 57
⑩ 29

2 Day

121쪽 A

① 90−30, 60
② 66−39, 27
③ 57−14, 43
④ 78−28, 50
⑤ 62−46, 16

122쪽 B

① 11
② 56
③ 39
④ 7
⑤ 15
⑥ 5
⑦ 31
⑧ 66
⑨ 13
⑩ 48

3 Day

123쪽 A

① 50−20, 30
② 70−22, 48
③ 81−36, 45
④ 34−25, 9
⑤ 97−70, 27

124쪽 B

① 12
② 21
③ 77
④ 19
⑤ 16
⑥ 37
⑦ 30
⑧ 39
⑨ 4
⑩ 57

4 Day

125쪽 A

① 10+30 또는 30+10, 40
② 17+52 또는 52+17, 69
③ 67+15 또는 15+67, 82
④ 48+28 또는 28+48, 76
⑤ 20+71 또는 71+20, 91

126쪽 B

① 74
② 92
③ 60
④ 36
⑤ 93
⑥ 88
⑦ 77
⑧ 81
⑨ 74
⑩ 42

5 Day

127쪽 A

① 14
② 18
③ 19
④ 47
⑤ 64
⑥ 79
⑦ 5
⑧ 70
⑨ 86
⑩ 95

128쪽 B

① 예 □−16=48, 64
② 예 □+28=53, 25
③ 예 50−□=15, 35

수고하셨습니다.

다음 단계로 올라갈까요?

기적의 계산법

기적의 학습서

"오늘도 한 뼘 자랐습니다."